Bibliografische Information der Deutschen Nationalbibliothek:

Die Deutsche Bibliothek verzeichnet diese Publikation in der Deutschen Nationalbibliografie; detaillierte bibliografische Daten sind im Internet über http://dnb.d-nb.de/ abrufbar.

Impressum:

Druck und Bindung: Books on Demand GmbH, Norderstedt Germany
ISBN: 9783668250437

Dieses Buch bei GRIN:

http://www.grin.com/de/e-book/335131/analytische-eigenschaften-des-hindernis-problems-die-penalty-methode-und

Julia Flach

Aus der Reihe: e-fellows.net stipendiaten-wissen

e-fellows.net (Hrsg.)

Band 1915

Analytische Eigenschaften des Hindernisproblems. Die Penalty-Methode und die duale Formulierung

GRIN Verlag

Analytische Eigenschaften des Hindernisproblems

Bachelorarbeit

vorgelegt von

Julia Felicitas Flach

Mathematisches Institut
Fakultät für Mathematik und Physik
Albert-Ludwigs-Universität Freiburg

Freiburg, im Juli 2014

Inhaltsverzeichnis

Einleitung

Das sogenannte Hindernisproblem (engl. *obstacle problem*) wird oft als klassisches Motivationsproblem im Bereich der Variationsungleichungen sowie der freien Randwerte angesehen. Die Grundidee besteht darin, den Gleichgewichtszustand einer elastischen Membran, welche an einem Teil des Randes fest fixiert ist und die einer Nebenbedingung genügt, zu finden.

Erste Untersuchungen des Problems begannen in den 1960er Jahren. Hier waren besonders die Errungenschaften von Guido Stampacchia, Hans Lewy sowie Jacques-Louis Lions wegweisend und brachten Fortschritte in der Entwicklung der Theorie der Variationsrechnung. Erst später begann die Diskussion um sogenannte freie Randwertprobleme - Probleme, bei denen der Rand eines Gebietes a priori unbekannt ist.

In dieser Arbeit soll zum Einen die Existenz und Eindeutigkeit einer Lösung des Hindernisproblems behandelt werden, zum Anderen soll der Zusammenhang zwischen der Darstellung des Problems als Minimierungsproblem mit der Formulierung als Variationsungleichung deutlich gemacht werden. Wiederholte Anwendung der Variationsungleichung in verschiedenen Beweisen macht deren großen Nutzen ersichtlich.

Besondere Geltung wird auch dem freien Rand, welcher die Kontaktzone von deren Komplement trennt, zugesprochen. Eine solche Unterteilung des zugrunde liegenden Gebietes ist maßgeblich für verschiedene Resultate.

Zunächst wollen wir im ersten Kapitel dieser Arbeit das Hindernisproblem anschaulich mit Hilfe physikalischer Überlegungen als Minimierungsproblem modellieren. Dabei werden wir ein Funktional herleiten, welches auf einem unendlich-dimensionalen Raum minimiert werden soll.

Die analytischen Eigenschaften des Problems werden im nächsten Kapitel behandelt. Schwerpunkt stellt vor allem der Beweis der Existenz und Eindeutigkeit einer schwachen Lösung dar, welchen wir ausführlich diskutieren werden. Neben der Formulierung als Minimierungsproblem werden alternative Darstellungen hergeleitet, darunter insbesondere auch die Variationsungleichung. Desweiteren wird die Regularität der schwachen Lösung thematisiert und die erlangten Resultate anhand eines Beispiels verdeutlicht.

Im dritten Kapitel beschäftigen wir uns mit der sogenannten Penalty-Methode, welche approximativ schwache Lösungen liefern soll. Hierbei betrachten wir zwei Typen der Penalty-Methode: die nichtkonforme und die konforme Bestrafung. In beiden Fällen geben wir eine Fehlerabschätzung für die Differenz der schwachen Lösung des Problems und der approximativen Lösung an und wollen diskutieren, inwiefern die approximative Lösung gegen die eigentliche Lösung des Minimierungsproblems konvergiert.

Eine Diskussion der dualen Formulierung soll im abschließenden Kapitel dieser Arbeit behandelt werden. Auch hier wird zunächst eine Herleitung der Formulierung erfolgen, um daraus die starke Dualität, welche unter bestimmten Bedingungen gegeben ist, zu beweisen.

Einige Notationen, Hilfsaussagen und Ergänzungen sind im Anhang zu finden.

Kapitel 1

Mathematische Modellierung

Gegenstand des Hindernisproblems ist die Deformation einer elastischen Membran, welche an einem Teil des Randes eingespannt und deren mögliche Position durch ein Hindernis eingeschränkt ist.

In diesem Kapitel wollen wir das Problem zunächst im Eindimensionalen mathematisch als Minimierungsproblem modellieren. Anschaulich können wir uns dabei die Verformung eines Seils aus gummiartigem Material der Länge L vorstellen, welches an beiden Enden in horizontaler Lage fest verankert ist und aufgrund äußerer Krafteinwirkungen vertikal in Richtung eines Hindernisses deformiert wird. Das Seil trifft unter Umständen auf das Hindernis auf, passt sich gegebenenfalls der Form des Hindernisses an und nimmt einen Gleichgewichtszustand ein, bei dem die Länge minimal wird.

Die nachfolgende mathematische Modellierung richtet sich nach [EGK11, Kapitel 7], [Kas06] sowie [Sta07].

Sei zunächst $\Omega = [0, L] \subset \mathbb{R}$ ein beschränktes Gebiet, $\chi : \overline{\Omega} \to \mathbb{R}$ eine Hindernisfunktion mit

$$\chi \leq 0 \text{ auf } \partial\Omega.$$

Die Funktion $u : \overline{\Omega} \to \mathbb{R}$ beschreibe die neue Position des elastischen Seils in jedem Punkt $x \in \Omega$, wobei wir idealisierend annehmen, dass die Deformation des Seils nur in vertikaler Richtung vorliegt (vgl. [Rin06]).

Das Seil sei am kompletten Rand $\partial\Omega$ auf Höhe 0 fest eingespannt und kann das Hindernis nicht durchdringen. Es gilt demnach

$$u = 0 \text{ auf } \partial\Omega \quad \text{und} \quad u \geq \chi \text{ in } \Omega.$$

Desweiteren beschreibe $f : \overline{\Omega} \to \mathbb{R}$ eine äußere Kraft, welche in vertikaler Richtung auf das Seil wirkt.

Durch das Funktional

$$f^*(u) = \int_{\Omega} (1 - (u')^2)^{1/2} \, \mathrm{d}x$$

ist die Länge des verformten Seils beschrieben. Die Deformation des Seils benötigt Energie, welche im Material in Form von potentieller Energie gespeichert ist. Wir setzen voraus, dass die potentielle

Energie des verformten Seils mit Konstante 1 proportional zur Änderung der Länge ist, es gilt also

$$P(u) = \int_\Omega (1 - (u')^2)^{1/2}\,\mathrm{d}x - \int_\Omega 1\,\mathrm{d}x.$$

Da wir lediglich Situationen betrachten wollen, in denen nur kleine Auslenkungen erwartet werden, das heißt $|u'| \ll 1$, und Terme höherer Ordnung vernachlässigen, lässt sich der Integrand des ersten Integrals mittels Taylor-Linearisierung durch

$$(1 - (u')^2)^{1/2} \approx 1 + \frac{1}{2}(u')^2$$

approximieren. Insgesamt ergibt sich somit $P(u) = 1/2 \int_\Omega (u')^2\,\mathrm{d}x$. Treten äußere Kräfte f, wie beispielsweise die Gravitationskraft auf, so ist die durch f verrichtete Arbeit durch das Funktional

$$E(u) = \int_\Omega f u\,\mathrm{d}x$$

gegeben. Die gesamte Energie des Seils können wir schließlich durch

$$\begin{aligned} I(u) &= P(u) - E(u) \\ &= \frac{1}{2}\int_\Omega (u')^2\,\mathrm{d}x - \int_\Omega f u\,\mathrm{d}x \end{aligned}$$

beschreiben.

Hierbei gilt das physikalische Prinzip, dass ein System immer versucht den Zustand minimaler Energie unter den erlaubten Zuständen zu erreichen (vgl. [Rin06]). Dies wird dadurch realisiert, indem wir eine Lösungsfunktion suchen, welche den anfangs geforderten Bedingungen genügt und das Funktional I minimiert.
Da die Lösungsfunktion u nicht gezwungenermaßen stetig differenzierbar ist, wird diese aus der Menge

$$K = \{v \in H_0^1(\Omega) \mid v \geq \chi \text{ f.ü. in } \Omega\}$$

gewählt.

Wir suchen also eine Funktion $u \in K$, sodass

$$I(u) = \min_{v \in K} I(v)$$

erfüllt ist.

Kapitel 2

Analytische Eigenschaften

Die analytischen Eigenschaften des Hindernisproblems stehen im Vordergrund dieses Kapitels. Zunächst wollen wir das Hindernisproblem als konvexes Minimierungsproblem mit homogenen Dirichlet-Randdaten beschreiben. Um die Existenz und Eindeutigkeit einer schwachen Lösung u zu zeigen, wird in Abschnitt 2.2 die sogenannte *Direkte Methode der Variationsrechnung* angewandt.

Neben der typischen Darstellung als Minimierungsproblem werden wir äquivalente Formulierungen des Problems herleiten. Desweiteren wird gerechtfertigt, dass die Lösungsfunktion u im Allgemeinen höheren Regularitätsanforderungen, als bisher angenommen, genügt.

2.1 Schwache Formulierung und Energiefunktional

Wir betrachten für ein beschränktes Lipschitzgebiet $\Omega \subset \mathbb{R}^d$ und gegebene Funktionen $f \in L^2(\Omega)$, $g \in L^2(\Gamma_N)$, $u_D \in L^2(\Gamma_D)$ sowie $\chi \in H^1(\Omega)$ mit $\chi \leq u_D$ auf Γ_D, das Energiefunktional

$$I(u) = \frac{1}{2}\int\limits_\Omega |\nabla u|^2 \,\mathrm{d}x - \int\limits_\Omega fu \,\mathrm{d}x - \int\limits_{\Gamma_N} gu \,\mathrm{d}s, \tag{2.1}$$

welches bezüglich Funktionen $u \in \tilde{K}$ der konvexen Menge

$$\tilde{K} = \{v \in H^1(\Omega) \mid \ v \geq \chi \ \text{ f.ü. in } \Omega\}$$

minimiert werden soll.

Der Einfachheit halber wollen wir in dieser Arbeit homogene Dirichlet-Randdaten annehmen. Dies wird dadurch gerechtfertigt, indem wir die Funktion u in $u = \tilde{u} + \tilde{u}_D$ mit der unbekannten Funktion $\tilde{u} \in H^1_D(\Omega)$ sowie der gegebenen Fortsetzung $\tilde{u}_D \in H^1(\Omega)$ von u_D mit $\tilde{u}_D|_{\Gamma_D} = u_D$ aufteilen und das Problem bezüglich $\tilde{u}$ lösen. Die Menge $\tilde{K}$ vereinfacht sich dann zu

$$K = \{v \in H^1_D(\Omega) \mid \ v \geq \chi \ \text{ f.ü. in } \Omega\},$$

da $u_D = 0$ auf Γ_D gefordert wird.

Die nachfolgende Abbildung 2.1 stellt das Hindernisproblem schematisch dar.

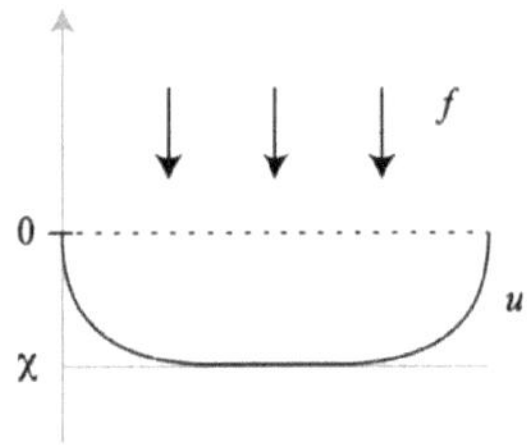

Abbildung 2.1: Deformation u einer elastischen Membran aufgrund einer äußeren Krafteinwirkung f sowie Einschränkung durch ein Hindernis χ

2.2 Existenz und Eindeutigkeit der schwachen Lösung

Um zu zeigen, dass ein eindeutig bestimmter Minimierer $u \in K$ des Funktionals I existiert, wird die *Direkte Methode der Variationsrechnung* (vgl. Anhang, Satz B.2.3) angewandt, welche eine Verallgemeinerung des Satzes von Bolzano-Weierstraß darstellt. Hauptbestandteile des Beweises bilden die strikte Konvexität und die schwache Unterhalbstetigkeit von I sowie die schwache Abgeschlossenheit der Menge K.

Satz 2.2.1 (Wohlgestelltheit). *Es existiert ein eindeutig bestimmter Minimierer $u \in K$ von I.*

Beweis. Um die Existenz eines Minimierers $u \in K$ zu beweisen, werden wir die Anforderungen der *Direkten Methode* zunächst schrittweise prüfen.

Schritt 1: Strikte Konvexität von I
Anstatt das ganze Funktional I zu betrachten, genügt es lediglich den Term $\tilde{I}(u) := \int_\Omega |\nabla u|^2 \,\mathrm{d}x$ zu diskutieren, da die beiden ersten Integrale aufgrund deren Linearität bereits konvex sind.

Wir wählen $u, v \in H_D^1(\Omega)$ mit $u \neq v$ und $t \in (0,1)$. Da $u \neq v$ in $H_D^1(\Omega)$, gilt aufgrund der homogenen Dirichletrandbedingung insbesondere auch $\nabla u \neq \nabla v$ in $L^2(\Omega)$ und damit

$$
\begin{aligned}
&\tilde{I}(tu + (1-t)v) - t\tilde{I}(u) - (1-t)\tilde{I}(v) \\
&= \int_\Omega t^2|\nabla u|^2 + 2t(1-t)\nabla u \cdot \nabla v + (1-t)^2|\nabla v|^2 - t|\nabla u|^2 - (1-t)|\nabla v|^2 \,\mathrm{d}x \\
&= \int_\Omega (t^2 - t)|\nabla u|^2 + 2t(1-t)\nabla u \cdot \nabla v + (t^2 - t)|\nabla v|^2 \,\mathrm{d}x \\
&= -t(1-t) \int_\Omega |\nabla u|^2 - 2\nabla u \cdot \nabla v + |\nabla v|^2 \,\mathrm{d}x \\
&= \underbrace{-t(1-t)}_{<0} \int_\Omega \underbrace{(\nabla u - \nabla v)^2}_{>0} \,\mathrm{d}x \\
&< 0,
\end{aligned}
$$

woraus die strikte Konvexität von $\tilde{I}$ und insgesamt auch die strikte Konvexität des Funktionals (2.1) folgt.

Schritt 2: Stetigkeit von I

Um die Stetigkeit des Funktionals I zu prüfen, wollen wir das Folgenkriterium benutzen. Seien dazu $(u_n)_{n\in\mathbb{N}} \subset H_D^1(\Omega)$, $u \in H_D^1(\Omega)$ mit $u_n \to u$ für $n \to \infty$ gegeben. Aufgrund der Tatsache, dass $u_n \to u$ stark in $H_D^1(\Omega)$ konvergiert, gilt insbesondere $\nabla u_n \to \nabla u$ in $L^2(\Omega)$ sowie $u_n \to u$ in $L^2(\Omega)$. Mit dieser Eigenschaft folgt durch

$$\begin{aligned}
\lim_{n\to\infty} I(u_n) &= \frac{1}{2}\lim_{n\to\infty}\int\limits_\Omega |\nabla u_n|^2\,\mathrm{d}x - \lim_{n\to\infty}\int\limits_\Omega f u_n\,\mathrm{d}x - \lim_{n\to\infty}\int\limits_{\Gamma_N} g u_n \mathrm{d}s \\
&= \frac{1}{2}\int\limits_\Omega |\nabla u|^2\,\mathrm{d}x - \lim_{n\to\infty}(f,u_n) - \lim_{n\to\infty}(g,u_n)_{\Gamma_N} \\
&= \frac{1}{2}\int\limits_\Omega |\nabla u|^2\,\mathrm{d}x - \lim_{n\to\infty}(f,u) - \lim_{n\to\infty}(g,u)_{\Gamma_N} \\
&= I(u)
\end{aligned}$$

die Stetigkeit des Funktionals I. Hier haben wir benutzt, dass $(f,u_n) \to (f,u)$ für $n \to \infty$, was mit Hilfe der Schwarzschen Ungleichung durch die Abschätzung

$$\begin{aligned}
|(f,u_n) - (f,u)| &= |(f,u_n - u)| \\
&\leq \|f\|\|u_n - u\| \\
&\to 0
\end{aligned}$$

begründet wird. Analog dazu gilt für das Randintegral $(g,u_n)_{\Gamma_N} \to (g,u)_{\Gamma_N}$ für $n \to \infty$, da auch hier die Abschätzung

$$\begin{aligned}
|(g,u_n)_{\Gamma_N} - (g,u)_{\Gamma_N}| &= |(g,u_n - u)_{\Gamma_N}| \\
&\leq \|g\|_{\Gamma_N}\|u_n - u\|_{\Gamma_N} \\
&\to 0
\end{aligned}$$

erfüllt ist. Die Randwerte von u beziehungsweise u_n sind dabei im Sinne der Spur zu verstehen.

Schritt 3: Schwache Unterhalbstetigkeit

Wir haben im ersten und zweiten Schritt dieses Beweises bereits gezeigt, dass I sowohl strikt konvex als auch stetig ist. Nach Satz B.2.5 (vgl. Anhang) folgt aus diesen beiden Eigenschaften schon die schwache Unterhalbstetigkeit von I in $H_D^1(\Omega)$. Das heißt für eine Folge $(u_n)_{n\in\mathbb{N}} \subset H_D^1(\Omega)$ mit $u_n \rightharpoonup u \in H_D^1(\Omega)$ für $n \to \infty$ gilt

$$I(u) \leq \liminf_{n\to\infty} I(u_n).$$

Schritt 4: Beschränktheit und Koerzivität
Mit Hilfe der Hölder-Ungleichung können wir das Funktional I nach unten abschätzen, was uns die Ungleichung

$$\begin{aligned} I(u) &= \frac{1}{2}\int_{\Omega} |\nabla u|^2 \,\mathrm{d}x - \int_{\Omega} fu \,\mathrm{d}x - \int_{\Gamma_N} gu \,\mathrm{d}s \\ &= \frac{1}{2}\|\nabla u\|^2 - \int_{\Omega} fu \,\mathrm{d}x - \int_{\Gamma_N} gu \,\mathrm{d}s \\ &\geq \frac{1}{2}\|\nabla u\|^2 - \|f\|\|u\| - \|g\|_{\Gamma_N}\|u\|_{\Gamma_N} \\ &\geq \frac{1}{2}\|\nabla u\|^2 - c_F\|f\|\|\nabla u\| - c_S\|g\|_{\Gamma_N}\|\nabla u\| \end{aligned}$$

liefert. Hier gingen in der letzten Ungleichung die Friedrichs-Ungleichung $\|u\| \leq c_F\|\nabla u\|$ mit $c_F > 0$ und die Spurungleichung $\|u\|_{\Gamma_N} \leq c_S\|\nabla u\|$ mit $c_S > 0$ (vgl. Bemerkung B.3.5) ein. Mit der Youngschen Ungleichung ($\epsilon = 2$) folgt wiederum

$$\begin{aligned} &\frac{1}{2}\|\nabla u\|^2 - c_P\|f\|\|\nabla u\| - c_S\|g\|_{\Gamma_N}\|\nabla u\| \\ &\geq \frac{1}{2}\|\nabla u\|^2 - 2c_P^2\|f\|^2 - \frac{1}{8}\|\nabla u\|^2 - 2c_S^2\|g\|_{\Gamma_N}^2 - \frac{1}{8}\|\nabla u\|^2 \\ &= \underbrace{\frac{1}{4}}_{=:b>0}\|\nabla u\|^2 - \underbrace{\left[2c_P^2\|f\|^2 + 2c_S^2\|g\|_{\Gamma_N}^2\right]}_{=:c\geq 0} \\ &= b\|\nabla u\|^2 - c. \end{aligned}$$

Somit gilt insgesamt $I(u) \geq b\|\nabla u\|^2 - c \geq -c$ mit $b, c \in \mathbb{R}$, woraus sich die Beschränktheit nach unten in $H_D^1(\Omega)$ ableiten lässt.
Für die Koerzivität betrachten wir eine Folge $(u_n)_{n\in\mathbb{N}} \subset H_D^1(\Omega)$ mit $\|\nabla u_n\| \to \infty$ für $n \to \infty$. Damit folgt bereits nach Definition B.2.2 der Koerzivität und mit Hilfe der obigen Abschätzung die Behauptung, das heißt es gilt $I(u_n) \to \infty$ für $n \to \infty$.

Schritt 5: K nichtleer, konvex und schwach abgeschlossen
Durch Definition der Funktion $\tilde{u} := \max\{0, \chi\}$ wird sichergestellt, dass die Menge K nichtleer ist, da nach Definition $\tilde{u} \geq \chi$ erfüllt ist. Die Randbedingungen an χ rechtfertigen, dass $\tilde{u} \in H_D^1(\Omega)$. Ferner gilt $I(\tilde{u}) \in \mathbb{R}$.

Um die Konvexität der Menge K zu zeigen, seien $u, v \in K$ und $t \in [0,1]$ gegeben. Da die Konvexkombination $tu + (1-t)v \in H_D^1(\Omega)$ wegen $tu + (1-t)v \geq t\chi + (1-t)\chi = \chi$ wieder in K liegt, ist die Menge konvex.

Wir zeigen, dass K schwach abgeschlossen ist, indem wir untersuchen, ob der Grenzwert einer schwach konvergenten Folge der Menge K wieder in K liegt. Seien dazu $u \in H_D^1(\Omega)$ und $(u_n)_{n\in\mathbb{N}} \subset K$ eine schwach konvergente Folge, das heißt $u_n \rightharpoonup u$ für $n \to \infty$. Da u_n aus K gewählt wurde, gilt insbesondere $u_n \geq \chi$ fast überall. Aufgrund der kompakten Einbettung $H_D^1(\Omega) \hookrightarrow L^2(\Omega)$ (vgl. Satz B.3.1) existiert eine Teilfolge $(u_n')_{n\in\mathbb{N}}$ von $(u_n)_{n\in\mathbb{N}}$ sodass

$$u_n' \to u \text{ in } L^2(\Omega).$$

Satz B.3.6 rechtfertigt, dass eine weitere Teilfolge $(u'_{n_k})_{k\in\mathbb{N}}$ von $(u'_n)_{n\in\mathbb{N}}$ existiert, welche punktweise fast überall konvergiert, das heißt

$$u'_{n_k}(x) \to u(x) \quad \text{für fast alle } x \in \Omega.$$

Daraus können wir folgern, dass

$$u(x) = \lim_{k\to\infty} u'_{n_k}(x) \geq \chi(x) \text{ fast überall in } \Omega.$$

Zusammenfassend gilt also $u \geq \chi$ fast überall in Ω und demnach ist $u \in K$; dies beweist die schwache Abgeschlossenheit von K.

Schritt 6: Existenz eines Minimierers
Um die Existenz eines Minimierers $u \in K$ zu beweisen, werden alle vorangegangenen Resultate aufgegriffen.
Wir wissen bereits, dass das Funktional I nach unten beschränkt (Schritt 4) und die Menge K nichtleer (Schritt 5) ist. Aufgrunddessen existiert eine Minimalfolge $(u_n)_{n\in\mathbb{N}} \subset K$, welche

$$\lim_{n\to\infty} I(u_n) = \inf_{v\in K} I(v) \tag{2.2}$$

erfüllt.
Die Koerzivität des Funktionals I (Schritt 4) impliziert, dass die Minimalfolge u_n beschränkt ist, denn mit

$$I(u_n) \geq b\|\nabla u_n\|^2 - c$$

für alle $n \in \mathbb{N}$ gilt auch die Ungleichung

$$\|\nabla u_n\|^2 \leq \frac{I(u_n) + c}{b},$$

mit $b > 0$. Aufgrund der Reflexivität des Hilbertraums $H^1_D(\Omega)$ (vgl. Bemerkung B.3.2), existiert nach dem Satz von Eberlein-Šmulian eine schwach konvergente Teilfolge $(u_{n_k})_{k\in\mathbb{N}} \subset K$ von $(u_n)_{n\in\mathbb{N}}$, sowie eine Grenzfunktion $u \in H^1_D(\Omega)$, sodass $u_{n_k} \rightharpoonup u$ für $k \to \infty$. Die schwache Abgeschlossenheit von K (Schritt 5) impliziert, dass die Grenzfunktion $u \in K$ erfüllt.
Mit der schwachen Unterhalbstetigkeit des Funktionals I (Schritt 3) ergibt sich

$$I(u) \leq \liminf_{k\to\infty} I(u_{n_k}) = \lim_{n\to\infty} I(u_n) \overset{(2.2)}{=} \inf_{v\in K} I(v).$$

Da $u \in K$ folgt

$$I(u) = \inf_{v\in K} I(v),$$

wodurch wir die Existenz eines Minimierers $u \in K$ gezeigt haben.

Als nächstes zeigen wir, dass dieser Minimierer eindeutig bestimmt ist.

Schritt 7: Eindeutigkeit
Wir nehmen zunächst an, dass $u_1, u_2 \in K$ Minimierer des Funktionals I mit $u_1 \neq u_2$ sind, das heißt es gilt

$$I(u_1) = I(u_2) = \inf_{v\in K} I(v).$$

Da K konvex ist (Schritt 5), ist auch $(u_1 + u_2)/2 \in K$. Die strikte Konvexität von I (Schritt 1) erlaubt die strikte Ungleichung

$$\frac{I(u_1)}{2} + \frac{I(u_2)}{2} - I(\frac{u_1 + u_2}{2}) > 0,$$

beziehungsweise aufgrund unserer Annahme

$$\inf_{v \in K} I(v) = \frac{1}{2}\big(I(u_1) + I(u_2)\big) > I(\frac{u_1 + u_2}{2}).$$

Dies ergibt einen Widerspruch zur Minimalität des Funktionals I bezüglich u_1 und u_2, es muss also $u_1 = u_2$ gelten. Demnach ist der Minimierer $u \in K$ eindeutig bestimmt. □

2.3 Äquivalente Formulierungen

Neben der Formulierung des Hindernisproblems als Minimierungsproblem wollen wir weitere, äquivalente Formulierungen herleiten.

2.3.1 Variationsungleichung

Die Darstellung als Variationsungleichung erlaubt es, eine notwendige und hinreichende Bedingung an den Minimierer $u \in K$ zu stellen, sodass Dieser Lösung des Hindernisproblems ist.

Satz 2.3.1 (Variationsungleichung). *Eine Funktion $u \in K$ ist eindeutig bestimmter Minimierer von I bezüglich der Menge K genau dann, wenn*

$$\int_{\Omega} \nabla u \cdot \nabla(v - u)\,\mathrm{d}x \geq \int_{\Omega} f(v - u)\,\mathrm{d}x + \int_{\Gamma_N} g(v - u)\,\mathrm{d}s \tag{2.3}$$

für alle $v \in K$.

Beweis. Für die Hinrichtung wählen wir $u \in K$ als eindeutig bestimmten Minimierer des Funktionals (2.1), das heißt es gilt die Gleichheit

$$I(u) = \inf_{v \in K} I(v). \tag{2.4}$$

Für alle $v \in K$ und $t \in [0, 1]$ ist aufgrund der Konvexität der Menge K auch die Konvexkombination

$$tv + (1 - t)u = u + t(v - u) \in K.$$

Wegen (2.4) gilt nun $I(u) \leq I(u + t(v - u))$.
Wir wollen die rechte Seite der Ungleichung durch $\phi(t) := I(u+t(v-u))$ definieren. Für die Funktion ϕ gilt $\phi(0) = I(u) \leq I(v) = \phi(1)$, woraus mit der Stetigkeit und Konvexität des Funktionals I, welche die Stetigkeit und Konvexität der Funktion ϕ implizieren, folgt, dass ϕ auf dem Intervall $[0, 1]$ monoton wachsend ist. Insbesondere gilt dann

$$\lim_{t \searrow 0} \frac{\phi(t) - \phi(0)}{t} = \lim_{t \searrow 0} \frac{I(u + t(v - u)) - I(u)}{t} \geq 0,$$

was bedeutet, dass die rechtsseitige Ableitung der Funktion ϕ im Punkt 0 nicht-negativ ist. Genauer gilt für $t > 0$

$$\begin{aligned}
0 &\le t^{-1}\left[I(u+t(v-u)) - I(u)\right] \\
&= t^{-1}\left[t\int_\Omega \nabla u\cdot\nabla(v-u)\,\mathrm{d}x + \frac{t^2}{2}\int_\Omega |\nabla(v-u)|^2\,\mathrm{d}x - t\int_\Omega f(v-u)\,\mathrm{d}x - t\int_{\Gamma_N} g(v-u)\,\mathrm{d}s\right] \\
&= \int_\Omega \nabla u\cdot\nabla(v-u)\,\mathrm{d}x + \frac{t}{2}\int_\Omega |\nabla(v-u)|^2\,\mathrm{d}x - \int_\Omega f(v-u)\,\mathrm{d}x - \int_{\Gamma_N} g(v-u)\,\mathrm{d}s.
\end{aligned}$$

Unter Betrachtung des Grenzwertes $t \searrow 0$ ergibt sich die Variationsungleichung

$$\int_\Omega \nabla u\cdot\nabla(v-u)\,\mathrm{d}x \ge \int_\Omega f(v-u)\,\mathrm{d}x + \int_{\Gamma_N} g(v-u)\,\mathrm{d}s$$

für alle $v \in K$.

Für die Rückrichtung untersuchen wir die Differenz $I(u) - I(v)$ für $u, v \in K$. Es gilt

$$\begin{aligned}
I(u) - I(v) &= \frac{1}{2}\int_\Omega |\nabla u|^2\,\mathrm{d}x - \frac{1}{2}\int_\Omega |\nabla v|^2\,\mathrm{d}x - \int_\Omega f(u-v)\,\mathrm{d}x - \int_{\Gamma_N} g(u-v)\,\mathrm{d}s \\
&\overset{(*)}{=} \int_\Omega \nabla u\cdot\nabla(u-v)\,\mathrm{d}x - \frac{1}{2}\int_\Omega |\nabla(u-v)|^2\,\mathrm{d}x - \int_\Omega f(u-v)\,\mathrm{d}x - \int_{\Gamma_N} g(u-v)\,\mathrm{d}s \\
&\le \int_\Omega \nabla u\cdot\nabla(u-v)\,\mathrm{d}x - \int_\Omega f(u-v)\,\mathrm{d}x - \int_{\Gamma_N} g(u-v)\,\mathrm{d}s \\
&\overset{(2.3)}{\le} 0,
\end{aligned}$$

mit der quadratischen Ergänzung $(*) : a^2 - b^2 = 2(a-b)a - (a-b)^2$. Umstellen der Ungleichung ergibt $I(u) \le I(v)$ für alle $v \in K$, woraus die Behauptung folgt. □

2.3.2 Lagrange-Multiplikator

Im Folgenden soll eine weitere äquivalente Darstellung des Hindernisproblems hergeleitet werden.

Dazu betrachten wir die Indikatorfunktion $I_K : H^1_D(\Omega) \to \mathbb{R} \cup \{+\infty\}$, definiert durch

$$I_K(v) = \begin{cases} +\infty & \text{falls } v \notin K, \\ 0 & \text{falls } v \in K. \end{cases}$$

Diese Darstellung motiviert, die Nebenbedingung $u \in K$ direkt in das Minimierungsproblem einzubeziehen, indem wir das neue Funktional I, gegeben durch

$$\tilde{I}(u) = I(u) + I_K(u)$$

auf $H^1_D(\Omega)$, betrachten.
Ein Minimierer $u \in H^1_D(\Omega)$ des Funktionals $\tilde{I}$ erfüllt aufgrund der Definition der Indikatorfunktion bereits die Nebenbedingung $u \in K$ und ist damit schon der gewünschte Minimierer von I. Auch hier existiert nach der *Direkten Methode der Variationsrechnung* ein eindeutig bestimmter Minimierer $u \in K$ von $\tilde{I}$, was im Folgenden kurz begründet wird.

Da die Voraussetzungen der *Direkten Methode* für das Funktional I nach dem Beweis zu Satz 2.2.1 schon erfüllt sind, genügt die Diskussion, ob die Indikatorfunktion I_K konvex, schwach unterhalbstetig, eigentlich, nach unten beschränkt und koerziv ist.

Die Konvexität folgt direkt aus der Konvexität des Epigraphen epiI_K. Die schwache Abgeschlossenheit von K (Beweis zu Satz 2.2.1, Schritt 5) impliziert nach Bemerkung B.2.4 die schwache Unterhalbstetigkeit von I_K. Mit der Wahl von $u = \chi$ folgt zudem $I_K(u) \in \mathbb{R}$. Da $I_K \geq 0$ auf $H^1_D(\Omega)$ ist zudem I_K nach unten beschränkt. Nach Definition von I_K ist die Koerzivität a priori nicht erfüllt, liefert aber auch keinen negativen Beitrag zu der Summe $I + I_K$. Die Koerzivität von I ist somit ausreichend für die Koerzivität von $\tilde{I}$. Insgesamt genügt $\tilde{I}$ demnach allen Bedingungen, sodass die Existenz und Eindeutigkeit eines Minimierers $u \in K$ gerechtfertigt sind.

Wir wollen nun das Subdifferential von $\tilde{I}$ in $u \in K$ betrachten, welches durch

$$\partial\tilde{I}(u) = \left\{\mu \in H^1_D(\Omega)' \mid \langle \mu, v - u\rangle \leq \tilde{I}(v) - \tilde{I}(u) \text{ f.a. } v \in H^1_D(\Omega)\right\}$$

definiert ist.
Mit Satz B.1.4 gilt, dass $u \in K$ ein Minimierer von $\tilde{I}$ ist, genau dann wenn $0 \in \partial\tilde{I}(u)$. Da in unserem speziellen Fall die Linearität des Subdifferentials erfüllt ist, ist diese Bedingung äquivalent zu

$$0 \in \partial I(u) + \partial I_K(u).$$

Da das Funktional I zudem Fréchet-differenzierbar ist, was im Anhang in Abschnitt B.4 gezeigt wird, folgt daraus schon die Gâteaux-Differenzierbarkeit von I (vgl. Satz B.1.3).
Somit kann nach Satz B.1.5 das Subdifferential $\partial I(u)$ mit der Fréchet-Ableitung $DI(u)$ identifiziert werden, was insgesamt die Äquivalenz

$$0 \in \partial I(u) + \partial I_K(u) \quad \Leftrightarrow \quad 0 \in DI(u) + \partial I_K(u)$$

begründet.
Aufgrund dieser Äquivalenz muss ein lineares Funktional

$$\lambda \in \partial I_K(u) = \left\{\mu \in H^1_D(\Omega)' \mid \langle \mu, v - u\rangle \leq I_K(v) - I_K(u) \text{ f.a. } v \in H^1_D(\Omega)\right\}$$

existieren, welches wir im Folgenden als Lagrange-Multiplikator bezeichnen. Dies erlaubt uns, das Minimierungsproblem für alle $w \in H^1_D(\Omega)$ durch die Gleichheit

$$\begin{aligned} 0 &= \langle DI(u), w\rangle + \langle \lambda, w\rangle \\ &= DI(u)[w] + \langle \lambda, w\rangle \\ &= \int\limits_{\Omega} \nabla u \cdot \nabla w \,\mathrm{d}x - \int\limits_{\Omega} f w \,\mathrm{d}x - \int\limits_{\Gamma_N} g w \,\mathrm{d}s + \langle \lambda, w\rangle \end{aligned}$$

darzustellen. Hierbei gilt insbesondere $DI(u) \in H^1_D(\Omega)'$ und $\lambda \in H^1_D(\Omega)'$.

Wir wollen nun mit Hilfe der uns bekannten Variationsungleichung (2.3) nützliche Eigenschaften des Lagrange-Multiplikators λ beweisen. Nach der obigen Herleitung haben wir diesen für alle $w \in H^1_D(\Omega)$ durch

$$\langle \lambda, w \rangle = -\int\limits_\Omega \nabla u \cdot \nabla w \, \mathrm{d}x + \int\limits_\Omega f w \, \mathrm{d}x + \int\limits_{\Gamma_N} g w \, \mathrm{d}s, \tag{2.5}$$

mit den bekannten Funktionen $f \in L^2(\Omega)$, $g \in L^2(\Gamma_N)$, sowie dem eindeutig bestimmten Minimierer $u \in K$, definiert.

Sei $v = u + \phi$ mit $\phi \in H^1_D(\Omega)$, $\phi \geq 0$ in Ω gegeben. Da insbesondere $v = u + \phi \geq u \geq \chi$, gilt $v \in K$ und wir können $v = u + \phi$ in die Variationsungleichung (2.3) einsetzen, was uns die Ungleichung

$$\int\limits_\Omega \nabla u \cdot \nabla \phi \, \mathrm{d}x \geq \int\limits_\Omega f \phi \, \mathrm{d}x + \int\limits_{\Gamma_N} g \phi \, \mathrm{d}s$$

liefert. Aus der Definition des Lagrange-Multiplikators (2.5) können wir folgern, dass

$$\langle \lambda, \phi \rangle = -\int\limits_\Omega \nabla u \cdot \nabla \phi \, \mathrm{d}x + \int\limits_\Omega f \phi \, \mathrm{d}x + \int\limits_{\Gamma_N} g \phi \, \mathrm{d}s \leq 0, \tag{2.6}$$

das heißt $\lambda \leq 0$ im Distributionssinn.

Wir wollen nun aus dieser Ungleichung eine Gleichung herleiten und betrachten dazu die Menge

$$\mathscr{C}^c := \{x \in \Omega \mid u(x) > \chi(x)\}.$$

Diese stellt das Komplement der *Kontaktzone* $\mathscr{C}$ dar, welche wir im späteren Verlauf der Arbeit in Definition 2.3.3 beschreiben wollen.
Unter der Annahme, dass u höheren Regularitätsbedingungen genügt, das heißt $u \in H^2(\Omega) \cap K$ und $\chi \in C(\overline{\Omega})$, ist die Menge $\mathscr{C}^c$ aufgrund der Einbettung $H^2(\Omega) \hookrightarrow C(\overline{\Omega})$ offen (vgl. [Rou05, Kapitel 5.2]). Mit Wahl von $\phi \in C_c^\infty(\mathscr{C}^c)$, $\phi \geq 0$ sowie $\epsilon > 0$ hinreichend klein, ist auch $v = u \pm \epsilon\phi \in K$. Einsetzen von v in die Variationsungleichung liefert

$$\pm\epsilon \int\limits_\Omega \nabla u \cdot \nabla \phi \, \mathrm{d}x \geq \pm\epsilon \int\limits_\Omega f \phi \, \mathrm{d}x \pm \epsilon \int\limits_{\Gamma_N} g \phi \mathrm{d}s$$

für alle $\phi \in C_c^\infty(\mathscr{C}^c)$. Division durch $\pm\epsilon$ ergibt die Gleichung

$$\int\limits_\Omega \nabla u \cdot \nabla \phi \, \mathrm{d}x = \int\limits_\Omega f \phi \, \mathrm{d}x + \int\limits_{\Gamma_N} g \phi \, \mathrm{d}s$$

für alle $\phi \in C_c^\infty(\mathscr{C}^c)$, was impliziert, dass in der Menge $\mathscr{C}^c = \{x \in \Omega \mid u(x) > \chi(x)\}$ Gleichheit gilt. Daraus lässt sich mit (2.6) folgern, dass in $\mathscr{C}^c$

$$\langle \lambda, w \rangle = -\int\limits_\Omega \nabla u \cdot \nabla \phi \, \mathrm{d}x + \int\limits_\Omega f \phi \, \mathrm{d}x + \int\limits_{\Gamma_N} g \phi \, \mathrm{d}s = 0.$$

Insgesamt gilt für den Lagrange-Multiplikator $\lambda = 0$ in $\mathscr{C}^c$, das heißt $\operatorname{supp}\lambda \subset \mathscr{C} := \{x \in \Omega \mid u(x) = \chi(x)\}$.

Diese Beobachtungen sollen in dem nachfolgenden Satz zusammengefasst werden.

Satz 2.3.2 (Formulierung mit Lagrange-Multiplikator). *Sei $u \in K$ der eindeutig bestimmte Minimierer des Funktionals I. Die Variationsungleichung*

$$\int_\Omega \nabla u \cdot \nabla(v-u)\,\mathrm{d}x \geq \int_\Omega f(v-u)\,\mathrm{d}x + \int_{\Gamma_N} g(v-u)\,\mathrm{d}s$$

ist für alle $v \in K$ genau dann erfüllt, wenn $\lambda \in H^1_D(\Omega)'$ mit $\operatorname{supp}\lambda \subset \mathscr{C} = \{x \in \Omega \mid u(x) = \chi(x)\}$ und $\lambda \leq 0$ existiert, sodass

$$\int_\Omega \nabla u \cdot \nabla w\,\mathrm{d}x + \langle \lambda, w\rangle = \int_\Omega fw\,\mathrm{d}x + \int_{\Gamma_N} gw\,\mathrm{d}s \tag{2.7}$$

für alle $w \in H^1_D(\Omega)$.

Beweis. Indem wir λ wie oben definieren, impliziert die Variationsungleichung nach der Herleitung bereits Gleichung (2.7) sowie die Eigenschaften des Lagrange-Multiplikators.

Für die Rückrichtung sei $\lambda \in H^1_D(\Omega)'$ durch

$$\langle \lambda, w\rangle = -\int_\Omega \nabla u \cdot \nabla w\,\mathrm{d}x + \int_\Omega fw\,\mathrm{d}x + \int_{\Gamma_N} gw\,\mathrm{d}s \tag{2.8}$$

für alle $w \in H^1_D(\Omega)$ mit $\operatorname{supp}\lambda \subset \mathscr{C}$ und $\lambda \leq 0$ gegeben.

Wählen wir $v \in K$ und $u|_{\mathscr{C}}$, so ist $v - u \geq 0$, da $v - u = v - \chi \geq \chi - \chi = 0$. Durch Einsetzen von $w = v - u$ in die Definition des Lagrange-Multiplikators (2.8) erhalten wir

$$\langle \lambda, v-u\rangle = -\int_\Omega \nabla u \cdot \nabla(v-u)\,\mathrm{d}x + \int_\Omega f(v-u)\,\mathrm{d}x + \int_{\Gamma_N} g(v-u)\,\mathrm{d}s.$$

Wenn $\lambda < 0$ im Distributionssinn, so wissen wir bereits, dass wir uns in der Kontaktzone $\mathscr{C}$ befinden. Aufgrund der Positivität von $v - u$ muss die strikte Ungleichung

$$0 > \langle \lambda, v-u\rangle = -\int_\Omega \nabla u \cdot \nabla v - u\,\mathrm{d}x + \int_\Omega f(v-u)\,\mathrm{d}x + \int_{\Gamma_N} g(v-u)\,\mathrm{d}s$$

erfüllt sein. Dies ist äquivalent zu

$$\int_\Omega \nabla u \cdot \nabla(v-u)\,\mathrm{d}x > \int_\Omega f(v-u)\,\mathrm{d}x + \int_{\Gamma_N} g(v-u)\,\mathrm{d}s$$

für alle $v \in K$.

Gilt $\lambda = 0$, so folgt mit (2.7) und $w = v - u$ die Gleichung

$$\int_\Omega \nabla u \cdot \nabla(v-u)\,\mathrm{d}x = \int_\Omega f(v-u)\,\mathrm{d}x + \int_{\Gamma_N} g(v-u)\,\mathrm{d}s$$

für alle $v \in K$.

Insgesamt implizieren diese beiden Fallunterscheidungen die Variationsungleichung. □

In der vorhergehenden Herleitung des Lagrange-Multiplikators sowie dem Beweis zu Satz 2.3.2 wurde die Bedeutung der Kontaktzone, das heißt des Bereichs in dem die Lösung u mit dem Hindernis χ in Kontakt tritt, deutlich. Die Unterteilung des Gebietes Ω in Kontaktzone und deren Komplement hat in vielen Anwendungen einen großen Nutzen, weshalb sie in der nächsten Definition explizit erklärt werden soll.

Definition 2.3.3 (Kontaktzone). *Die Menge*

$$\mathscr{C} = \{x \in \Omega \mid u(x) = \chi(x)\}$$

definiert die sogenannte Kontaktzone *einer Lösung u des Hindernisproblems.*
Der Rand $\partial\mathscr{C} \cap \Omega$ wird als freier Rand *bezeichnet.*

Bemerkung 2.3.4. *(i) Im Sinne der starken Formulierung können wir das Hindernisproblem durch*

$$u \geq \chi, \qquad u|_{\Gamma_D} = 0, \qquad \lambda \leq 0, \qquad \mathrm{supp}\lambda \subset \mathscr{C}, \qquad -\Delta u + \lambda = f, \qquad \partial_n u|_{\Gamma_N} + \lambda|_{\Gamma_N} = g$$

darstellen.
(ii) Im Komplement der Kontaktzone $\mathscr{C}^c$ gilt $-\Delta u = f$. Desweiteren ist der Lagrange-Multiplikator in dem Sinne in $\mathscr{C}$ getragen, dass $\langle \lambda, w\rangle = 0$ mit supp$w \subset \mathscr{C}^c$.
(iii) Es gilt das Komplementaritätsprinzip

$$(\Delta u + f)(u - \chi) = 0,$$

das heißt entweder $u = \chi$ oder $-\Delta u = f$ fast überall in Ω.

Beweis. (i) Sei zunächst $u \in K$ eindeutig bestimmter Minimierer des Hindernisproblems. Dann wissen wir nach Definition der Menge K, dass die Bedingungen $u \geq \chi$ sowie $u|_{\Gamma_D} = 0$ erfüllt sind. Gemäß der Herleitung von Satz 2.3.2, können wir $\lambda \in H_D^1(\Omega)'$ durch

$$\langle \lambda, w\rangle := (f, w) - (\nabla u, \nabla w) + (g, w)_{\Gamma_N}$$

für alle $w \in H_D^1(\Omega)$ definieren. Dann gilt außerdem auch schon $\lambda \leq 0$ sowie supp$\lambda \subset \mathscr{C}$ (vgl. Satz 2.3.2).
Weiter existiert dann ein $\hat{\lambda} \in H_D^1(\Omega)$, sodass

$$(\nabla\hat{\lambda}, \nabla w) = (f, w) - (\nabla u, \nabla w) + (g, w)_{\Gamma_N}.$$

Wir wählen $u \in H^2(\Omega) \cap K$. Mittels partieller Integration (s. Bemerkung B.3.4) können wir den Term $(\nabla u, \nabla w)$ umformen zu

$$(\nabla u, \nabla w) = (\partial_n u, w)_{\Gamma_N} - (\Delta u, w),$$

woraus folgt, dass

$$(\nabla\hat{\lambda}, \nabla w) = (f, w) - (\partial_n u, w)_{\Gamma_N} + (\Delta u, w) + (g, w)_{\Gamma_N}$$

für alle $w \in H^1_D(\Omega)$.
Wir wollen nun den Fall $w \in H^1_D(\Omega)$ mit supp$w \subset\subset \Omega$ diskutieren. Hier bleibt lediglich die Gleichung

$$(\nabla\hat{\lambda}, \nabla w) = (f, w) + (\Delta u, w)$$

bestehen und es folgt mit partieller Integration der linken Seite

$$(-\Delta\hat{\lambda}, w) = (f, w) + (\Delta u, w).$$

Das Fundamentallemma impliziert mit Definition von $\tilde{\lambda}$ durch $-\Delta\hat{\lambda}$ die Gleichung

$$-\Delta u + \tilde{\lambda} = f \tag{2.9}$$

in Ω.

Im Fall von $w \in H^1_D(\Omega)$ entfallen die Neumann-Randterme im Allgemeinen nicht, in diesem Fall gilt

$$(\tilde{\lambda}, \nabla w) + (\partial_n\hat{\lambda}, w)_{\Gamma_N} = (f, w) - (\partial_n u, w)_{\Gamma_N} + (\Delta u, w) + (g, w)_{\Gamma_N}.$$

Da Gleichung (2.9) unabhängig von w ist, kann sie hier verwendet werden. Für Funktionen w mit supp$w \subset\subset \Omega$ gilt dann

$$(\partial_n\hat{\lambda}, w)_{\Gamma_N} + (\partial_n u, w)_{\Gamma_N} = (g, w)_{\Gamma_N},$$

sodass hier durch Definition von $\lambda|_{\Gamma_N} := \partial_n\hat{\lambda}$ und mit Hilfe des Fundamentallemmas folgt, dass

$$\partial_n u + \lambda|_{\Gamma_N} = g$$

auf Γ_N.

(ii) Nach Satz 2.3.2 ist bereits bekannt, dass $\lambda = 0$ im Komplement der Kontaktzone $\mathscr{C}^c$ gilt. Somit folgt $-\Delta u = f$ in $\mathscr{C}^c$ nach der starken Formulierung aus Teil (i). Da $w \in H^1_D(\Omega)$ mit supp$w \subset \mathscr{C}^c$ ist die Gleichung erfüllt.

(iii) Das Komplementaritätsprinzip gilt nach Definition der Kontaktmenge $\mathscr{C}$ sowie Teil (ii). □

2.4 Regularität der schwachen Lösung

Bisher sind wir davon ausgegangen, dass die Lösung u des Hindernisproblems lediglich einmal schwach differenzierbar ist, also in $H^1_D(\Omega)$ liegt. Inwiefern u auch höheren Regularitätsanforderungen genügt, ist nicht offensichtlich. Es stellt sich also die Frage, ob auch höhere schwache Ableitungen von u mit den schwachen Ableitungen der Hindernisfunktion χ übereinstimmen.

Betrachten wir das Problem in eindimensionalen Situationen, so lässt sich aus der Stetigkeit der schwachen Ableitung u' direkt ableiten, dass $u \in H^2(\Omega)$.

Proposition 2.4.1 (Regularität im Eindimensionalen). *Sei* $\Omega = (a,b) \subset \mathbb{R}$, $\chi \in H^2(a,b)$, $f \in L^2(a,b)$ *und* $u \in H_0^1(a,b)$ *sodass* $u \geq \chi$ *in* (a,b) *und*

$$\int_a^b u'(v-u)' \, \mathrm{d}x \geq \int_a^b f(v-u) \, \mathrm{d}x \tag{2.10}$$

für alle $v \in H_0^1(a,b)$ *mit* $v \geq \chi$ *in* (a,b). *Dann ist* $u \in H^2(a,b)$.

Beweis. Um zu zeigen, dass die Funktion $u \in H_0^1(a,b)$ sogar in $H^2(a,b)$ liegt, müssen wir die Ableitung u' untersuchen. Ist diese stetig, so existiert eine zweite schwache Ableitung von u und die Vermutung $u \in H^2(a,b)$ ist gerechtfertigt.

Die Ungleichung (2.10) stellt genau die Variationsungleichung des Problems im Eindimensionalen dar, wobei hier eingeht, dass $\partial\Omega = \Gamma_D$ und $u, v \in H_0^1(\Omega)$, weshalb wir das Randintegral $\int_{\Gamma_N} g(v - u) \, \mathrm{d}s$ vernachlässigen dürfen.

Nach dem Komplementaritätsprinzip aus Bemerkung 2.3.4 (iii) gilt $u = \chi$ in $\mathscr{C}$, sowie $-u'' = f$ in $\mathscr{C}^c$. Da nach Voraussetzung der Proposition $f \in L^2(a,b)$, gilt aufgrund dessen auch schon $u \in H^2(\mathscr{C}^c)$. Weiter ist $\chi \in H^2(a,b)$. Da in der Kontaktzone $u = \chi$ gilt, ist auch hier $u \in H^2(\mathscr{C})$.

Es stellt sich die Frage, ob u auch auf dem freien Rand $\partial\mathscr{C} \cap (a,b)$, den wir im Folgenden mit $\partial\mathscr{C}$ bezeichnen, in H^2 liegt. Dies wollen wir dadurch zeigen, indem wir den Randpunkt $x_c \in \partial\mathscr{C}$ betrachten und die Stetigkeit der Ableitung u' in diesem Punkt beweisen.

Sei also $x_c \in \partial\mathscr{C}$ und $y \in (a,b)$. Dann existiert ein $\epsilon > 0$, sodass

$$u(x_c - y) = \chi(x_c - y), \text{ das heißt } x_c - y \in \mathscr{C}$$

und

$$u(x_c - y) > \chi(x_c + y), \text{ das heißt } x_c - y \in \mathscr{C}^c,$$

entweder für $-\epsilon < y \leq 0$ oder $0 \leq y < \epsilon$. Ohne Beschränkung der Allgemeinheit wollen wir $0 \leq y < \epsilon$ annehmen.

Sei $\phi \in C^1(a,b)$ eine beliebige, nicht-negative Testfunktion mit $\operatorname{supp}\phi \subset B_\epsilon(x_c) = \{y \in \mathbb{R} \mid |x_c - y| \leq \epsilon\}$. Für $u \in H_0^1(a,b)$ mit $u \geq \chi$ in (a,b) gilt damit $u + \phi \geq \chi$. In der Kontaktzone $\mathscr{C}$ gilt dann $u + \phi = \chi + \phi$, sowie $u + \phi > \chi + \phi$ in dem Komplement $\mathscr{C}^c$ der Kontaktzone.

Einsetzen von $v = u + \phi$ in die Ungleichung (2.10) liefert:

$$
\begin{aligned}
0 &\leq \int_{x_c-\epsilon}^{x_c+\epsilon} u'\phi' \,\mathrm{d}x - \int_{x_c-\epsilon}^{x_c+\epsilon} f\phi \,\mathrm{d}x \\
&= \int_{x_c-\epsilon}^{x_c} u'\phi' \,\mathrm{d}x + \int_{x_c}^{x_c+\epsilon} u'\phi' \,\mathrm{d}x - \int_{x_c-\epsilon}^{x_c+\epsilon} f\phi \,\mathrm{d}x \\
&= \int_{x_c-\epsilon}^{x_c} \chi'\phi' \,\mathrm{d}x + \int_{x_c}^{x_c+\epsilon} u'\phi' \,\mathrm{d}x - \int_{x_c-\epsilon}^{x_c+\epsilon} f\phi \,\mathrm{d}x \\
&= \left[\chi'\phi\right]_{x_c-\epsilon}^{x_c} - \int_{x_c-\epsilon}^{x_c} \chi''\phi \,\mathrm{d}x + \left[u'\phi\right]_{x_c}^{x_c+\epsilon} - \int_{x_c}^{x_c+\epsilon} u''\phi \,\mathrm{d}x - \int_{x_c-\epsilon}^{x_c+\epsilon} f\phi \,\mathrm{d}x \\
&= \chi'(x_c)\phi(x_c) - \int_{x_c-\epsilon}^{x_c} \chi''\phi \,\mathrm{d}x - u'(x_c)\phi(x_c) - \int_{x_c}^{x_c+\epsilon} u''\phi \,\mathrm{d}x - \int_{x_c-\epsilon}^{x_c+\epsilon} f\phi \,\mathrm{d}x \\
&= - \int_{x_c-\epsilon}^{x_c} \chi''\phi \,\mathrm{d}x - \int_{x_c-\epsilon}^{x_c} f\phi \,\mathrm{d}x - \int_{x_c}^{x_c+\epsilon} f\phi \,\mathrm{d}x - \int_{x_c}^{x_c+\epsilon} u''\phi \,\mathrm{d}x + (\chi'(x_c) - u'(x_c))\phi'(x_c) \\
&= - \int_{x_c-\epsilon}^{x_c} (\chi'' + f)\phi \,\mathrm{d}x - \int_{x_c}^{x_c+\epsilon} (u'' + f)\phi \,\mathrm{d}x + (\chi'(x_c) - u'(x_c))\phi'(x_c) \\
&= - \int_{x_c-\epsilon}^{x_c} (\chi'' + f)\phi \,\mathrm{d}x + (\chi'(x_c) - u'(x_c))\phi'(x_c).
\end{aligned}
$$

Hier haben wir benutzt, dass $\mathrm{supp}\phi \subset B_\epsilon(x_c)$. Desweiteren ging ein, dass u sowie die erste und zweite schwache Ableitung von u in der Kontaktzone mit der Hindernisfunktion χ und deren schwachen Ableitungen übereinstimmen. In der letzten Gleichung haben wir $-u'' = f$ in $\mathscr{C}^c$ verwendet.

Indem wir die Testfunktion ϕ nun so wählen, dass $\phi'(x_c) = 1$ und den Grenzwert $\epsilon \to 0$ betrachten, konvergiert das erste Integral gegen Null, denn mit $\phi \in C^1(a, b)$, $\chi \in H^2(a, b)$ und $f \in H^2(a, b)$ gilt insbesondere $\chi'' \in L^2(a,b)$ sowie $f \in L^2(a,b)$. Mit Hilfe der Hölder-Ungleichung folgt

$$
\begin{aligned}
\left| \int\limits_{x_c-\epsilon}^{x_c} (\chi'' + f)\phi \,\mathrm{d}x \right| &\leq \int\limits_{x_c-\epsilon}^{x_c} \left|(\chi'' + f)\phi\right| \,\mathrm{d}x \\
&\leq \|\phi\|_{L^\infty(x_c-\epsilon,x_c)} \int\limits_{x_c-\epsilon}^{x_c} \left|(\chi'' + f)\right| \,\mathrm{d}x \\
&\leq c \int\limits_{x_c-\epsilon}^{x_c} \left|(\chi'' + f)\right| \,\mathrm{d}x \\
&= c\|\chi'' + f\|_{L^1(x_c-\epsilon,x_c)} \\
&\leq c\|\chi'' + f\|_{L^2(x_c-\epsilon,x_c)}\|1\|_{L^2(x_c-\epsilon,x_c)} \\
&\leq \hat{c}\|1\|_{L^2(x_c-\epsilon,x_c)} \\
&= \hat{c}\epsilon^{1/2} \\
&\to 0
\end{aligned}
$$

für $\epsilon \to 0$.
Wir erhalten insgesamt die Ungleichung $u'(x_c) \leq \chi'(x_c)$, was anschaulich gerade bedeutet, dass die Steigung von u im Randpunkt x_c durch die Steigung des Hindernisses χ in x_c beschränkt ist.
Im nächsten Schritt betrachten wir die Funktion $\delta := u - \chi$. Da $\delta \geq 0$ nach Definition und $u \in H_0^1(a,b)$ sowie $\chi \in H^2(a,b)$, ist δ nach den Sobolevschen Einbettungssätzen im Eindimensionalen (s. Satz B.3.1) schon stetig im Intervall (a,b). Aufgrund von

$$\delta(x_c) = u(x_c) - \chi(x_c) = 0,$$

$$\delta'(x_c) = u'(x_c) - \chi'(x_c) \leq 0$$

sowie $\delta \geq 0$ auf (a,b) folgt insgesamt $\delta'(x_c) = 0$, woraus sich die Identität $u'(x_c) = \chi'(x_c)$ ergibt.

Wir haben also gezeigt, dass im Punkt $x_c \in \partial\mathscr{C}$ die Funktion u die gleiche Steigung wie χ hat, was die Stetigkeit von u' im Punkt x_c impliziert. Da bereits $u \in H^2$ in der Kontaktzone $\mathscr{C}$ sowie im Komplement $\mathscr{C}^c$ und die schwache Ableitung u' stetig im Punkt $x_c \in \partial\mathscr{C}$ ist, können wir insgesamt $u \in H^2(a,b)$ folgern. □

Dieses Resultat wollen wir anhand eines Beispiels veranschaulichen.

Beispiel 2.4.2. *Es seien $\Omega = (-1,1)$ und $\chi(x) = 1 - 4x^2/3$ gegeben. Dann ist der Minimierer $u \in H_0^1(\Omega)$ für $\int_{-1}^1 |u'(x)|^2 \,\mathrm{d}x$ mit $u \geq \chi$ definiert durch*

$$u(x) = \begin{cases} 1 - 4x^2/3 & \textit{für } |x| \leq 1/2, \\ (4/3)(1 - |x|) & \textit{für } |x| \geq 1/2. \end{cases}$$

Insbesondere ist $\mathscr{C} = [-1/2, 1/2]$ und $u \in H^2(\Omega) \backslash H^3(\Omega)$.

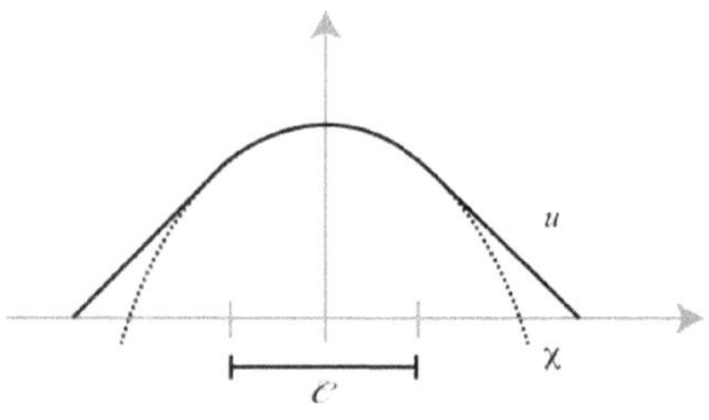

Abbildung 2.2: Lösung u des eindimensionalen Hindernisproblems mit Hindernis χ; die Lösungsfunktion nimmt in der Kontaktzone $\mathscr{C}$ die Form des Hindernisses an, im Komplement der Kontaktzone stellt sich ein linearer Verlauf ein.

Um die Lösung u zu berechnen, wählen wir den Ansatz

$$u(x) = \begin{cases} ax + a & \text{in } [-1, \xi_1], \\ \chi(x) & \text{in } [\xi_1, \xi_2], \\ -bx + b & \text{in } [\xi_2, 1], \end{cases}$$

mit $a, b, \xi_1, \xi_2 \in \mathbb{R}$. Dies folgt aus der Überlegung, dass die Lösung in der Kontaktzone $[\xi_1, \xi_2]$ die gleichen Werte wie das Hindernis annimmt. Aufgrund des Komplementaritätsprinzips $(u-\chi)(\Delta u+0) = 0$ fast überall in Ω, ist die Gleichung $-\Delta u = 0$ außerhalb der Kontakzone erfüllt; die Funktion u muss demnach in diesem Bereich affinlinear sein.

Da wir wissen, dass $u \in H_0^1(-1,1)$ und damit insbesondere stetig ist, können wir

$$\chi(\xi_1) = a\xi_1 + a,$$
$$\chi'(\xi_1) = a,$$

setzen, woraus sich mit $\chi(x) = 1 - 4x^2/3$ und $\chi'(x) = (-8/3)x$ der Wert $\xi_1 = -1/2$ ergibt. Durch Einsetzen von $\xi_1 = -1/2$ in die Gleichung $a\xi_1 + a = \chi(\xi_1)$ erhalten wir $a = 4/3$.
Analog dazu wird ξ_2 sowie b berechnet, wir erhalten die Werte $\xi_2 = 1/2$ und $b = 4/3$. Insgesamt haben wir die gewünschte Lösung u sowie die Kontaktzone $\mathscr{C} = [-1/2, 1/2]$ ermittelt.

Betrachten wir die erste und zweite schwache Ableitung von u, gegeben durch

$$u'(x) = \begin{cases} (-8/3)x, & \text{falls } |x| \leq 1/2, \\ -4/3, & \text{falls } x \geq 1/2, \\ 4/3, & \text{falls } x \leq 1/2, \end{cases}$$

sowie

$$u''(x) = \begin{cases} (-8/3), & \text{falls } |x| \leq 1/2, \\ 0, & \text{falls } |x| > 1/2, \end{cases}$$

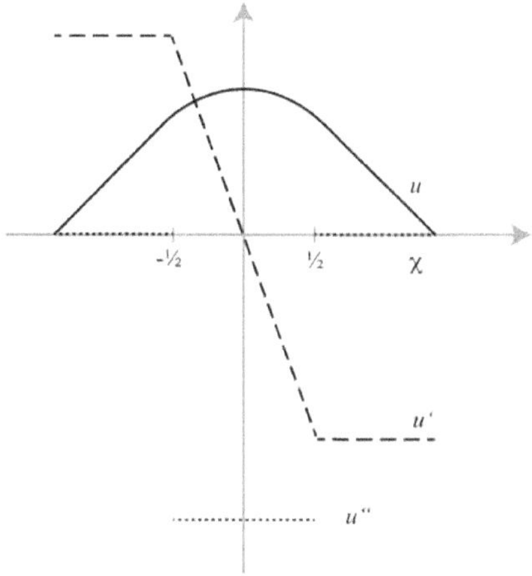

Abbildung 2.3: Lösung u des eindimensionalen Hindernisproblems, schwache Ableitung u' sowie die zweite schwache Ableitung u'', welche in den Punkten $x_1 = -1/2$ und $x_2 = 1/2$ nicht stetig ist.

dann wird deutlich, dass die zweite schwache Ableitung u'' in den Punkten $x_1 = -1/2$ und $x_2 = 1/2$ nicht stetig ist, was die Aussage $u \in H^2(\Omega)\backslash H^3(\Omega)$ rechtfertigt. Diese Situation ist in Abbildung 2.3 dargestellt.

Ein ähnliches Resultat ergibt sich auch in höherdimensionalen Situationen, wie im nachfolgenden Satz erklärt wird.

Satz 2.4.3 ([BS68]). *Falls $\Gamma_D = \partial\Omega$, $\chi \in H^2(\Omega)$, $\chi|_{\partial\Omega} \leq 0$ und Ω konvex ist, so erfüllt die Lösung des Hindernisproblems $u \in H^2(\Omega)$.*

Beweis. Siehe dazu [BS68]. □

Kapitel 3

Penalty-Methode

Penalty-Methoden führen auf geeignete Verfahren, um Nebenbedingungen direkt in das Minimierungsproblem einzubeziehen.
Anstatt das Ausgangsfunktional I zu untersuchen, betrachten wir eine Folge stetiger, Fréchet-differenzierbarer Funktionale I_ϵ, welche nicht explizit einer Nebenbedingung unterliegen. Durch Lösen dieser Funktionale ergibt sich eine Folge von Funktionen $(u_\epsilon)_{\epsilon>0}$, welche mit $\epsilon \to 0$ idealerweise gegen die Lösungsfunktion u des Ausgangsproblems konvergiert.

3.1 Problemformulierung

Die neue unrestringierte Formulierung erhalten wir, indem wir die Summe des Funktionals I der Ausgangssituation mit einem sogenannten Strafterm p (engl. *penalty term*) bilden. Dieser Strafterm besteht aus einem sogenannten Penalty-Parameter und einem Integral, welches das Maß der Verletzung der Nebenbedingung darstellt.
Ist die Nebenbedingung erfüllt, so liefert der Strafterm keinen Beitrag zu dem Funktional. Wird der zulässige Bereich allerdings verlassen, so wird die Zielfunktion aufgrund des Strafterms je nach Größe der Verletzung *bestraft*.
Das unrestringierte Penalty-Funktional I_ϵ können wir wie folgt formulieren:

$$
\begin{aligned}
I_\epsilon(u) &= I(u) + p(u) \\
&= \frac{1}{2}\int\limits_\Omega |\nabla u|^2 \,\mathrm{d}x - \int\limits_\Omega fu \,\mathrm{d}x - \int\limits_{\Gamma_N} gu \,\mathrm{d}s + \frac{\epsilon^{-2}}{2}\int\limits_\Omega (u-\chi)_-^2 \,\mathrm{d}x,
\end{aligned}
\tag{3.1}
$$

wobei $\epsilon > 0$ ein hinreichend kleiner Penalty-Parameter ist und $(s)_- := \min\{s, 0\}$ für $s \in \mathbb{R}$.
Eine Verletzung der Nebenbedingung, das heißt in unserem Fall $u - \chi < 0$, führt zu einem hohen Beitrag zusätzlicher Energie, da der Penalty-Term in das Funktional I_ϵ eingeht. Betrachten wir den Grenzwert $\epsilon \to 0$, so wird der Strafterm ebenfalls extrem groß, was nur durch eine sehr kleine Abweichung der Lösungsfunktion von der Nebenbedingung kompensiert werden kann.
Idealerweise soll die Familie der Lösungsfunktionen $(u_\epsilon)_{\epsilon>0}$ des Funktionals I_ϵ für $\epsilon \to 0$ die Lösung $u \in K$ des Minimierungsproblems $I(u) = \min_{v\in K} I(v)$ approximieren.

Wir müssen beachten, dass eine Lösung $u_\epsilon \in H^1_D(\Omega)$ des Penalty-Funktionals I_ϵ die Nebenbedingung $u_\epsilon \geq \chi$ im Allgemeinen nicht erfüllt, da sowohl Beiträge von I als auch von dem Strafterm p

in die Lösung eingehen. Anschaulich bedeutet dies, dass die Lösungsfunktion u_ϵ das Hindernis χ durchdringt.

3.2 Nichtkonforme Bestrafung

Im Falle der nichtkonformen Bestrafung gehen wir davon aus, dass die Familie $(u_\epsilon)_{\epsilon>0}$ der Lösungsfunktionen die Nebenbedingung $u_\epsilon \geq \chi$ im Allgemeinen verletzt.

Gegenstand des folgenden Satzes ist es, eine Abschätzung für die Differenz $u - u_\epsilon$, sowie den Penetrationsfehler $\|u_\epsilon^-\|$, das heißt dem Maß des Durchdringens, anzugeben. Wir wollen uns auf eine vereinfachte Situation beschränken, indem wir $\chi = 0$ fordern.

Satz 3.2.1 (Nichtkonforme Bestrafung). *Sei $\Gamma_D = \partial\Omega$ und $\chi = 0$. Wir nehmen an, dass für die Lösung $u \in K$ des Hindernisproblems $u \in H^2(\Omega)$ erfüllt ist.*
Dann gilt für den eindeutig bestimmten Minimierer $u_\epsilon \in H_0^1(\Omega)$ des Funktionals I_ϵ

$$2\|\nabla(u - u_\epsilon)\|^2 + \epsilon^{-2}\|u_\epsilon^-\|^2 \leq \epsilon^2\|f + \Delta u\|^2,$$

wobei $u_\epsilon^-(x) = \min\{u_\epsilon(x), 0\}$ für fast alle $x \in \Omega$.

Beweis. Im ersten Schritt wollen wir mit Hilfe der *Direkten Methode der Variationsrechnung* die Existenz und Eindeutigkeit eines Minimierers $u_\epsilon \in H_0^1(\Omega)$ des Funktionals I_ϵ zeigen.
Da nach den Voraussetzungen des Satzes $\Gamma_D = \partial\Omega$ und $\chi = 0$ gefordert sind, vereinfacht sich das Penalty-Funktional (3.1) zu

$$I_\epsilon(u) = \underbrace{\frac{1}{2}\int_\Omega |\nabla u|^2 \,\mathrm{d}x - \int_\Omega fu \,\mathrm{d}x}_{=I(u)} + \underbrace{\frac{\epsilon^{-2}}{2}\int_\Omega (u)_-^2 \,\mathrm{d}x}_{=p(u)}.$$

Für das Funktional I haben wir im Beweis zu Satz 2.2.1 bereits die strikte Konvexität, die schwache Unterhalbstetigkeit sowie die Beschränktheit nach unten gezeigt. Wir müssen demnach lediglich den Penalty-Term auf die Voraussetzungen der *Direkten Methode der Variationsrechnung* untersuchen.

Für die Konvexität des Penalty-Terms $p(u) = \frac{\epsilon^{-2}}{2}\int_\Omega (u)_-^2 \,\mathrm{d}x$ ist es ausreichend, lediglich den Integranden zu betrachten. Diesen wollen wir im Folgenden mit ϕ bezeichnen und definieren ihn durch die Funktion

$$\phi : \mathbb{R} \to \mathbb{R}, \quad y \mapsto (y)_-^2 = \begin{cases} y^2, & \text{für } y \leq 0, \\ 0, & \text{für } y > 0. \end{cases}$$

Die Ableitung der Funktion ϕ ist gegeben durch

$$\phi'(y) = \begin{cases} 2y, & \text{für } y \leq 0, \\ 0, & \text{für } y > 0. \end{cases}$$

Die Stetigkeit von ϕ und der Ableitung ϕ', insbesondere im Ursprung, rechtfertigt, dass $\phi \in C^1(\mathbb{R})$. Für die Überprüfung der Konvexität genügt es zu zeigen, dass die differenzierbare Funktion ϕ oberhalb jeder ihrer Tangenten liegt, das heißt, dass $\phi(y+z) \geq \phi(y) + z\phi'(y)$ für alle $y, z \in \mathbb{R}$ gilt. Dies können wir leicht durch eine Fallunterscheidung unter Beachtung der Definition von ϕ und ϕ' zeigen. Aufgrund der Linearität des Integrals folgt insgesamt die Konvexität des Penalty-Terms $p(u)$.

Da ϕ als C^1-Funktion stetig ist, impliziert die Stetigkeit des Integrals insgesamt die Stetigkeit des Terms $p(u)$. Mit Satz B.2.5 können wir aus der Konvexität und der Stetigkeit des Penalty-Terms die schwache Unterhalbstetigkeit folgern.

Als weitere Voraussetzung der *Direkten Methode* müssen wir die Beschränktheit nach unten zeigen, was aufgrund der Definition von ϕ mit $\phi \geq 0$ schon gegeben ist. Ferner folgt mit $u = 0$, dass $p(u) \in \mathbb{R}$.

Die noch fehlende Koerzivität ist für den Penalty-Term zunächst nicht erfüllt, aufgrund der Definition von ϕ ist die Funktion für positive Punkte $y > 0$ aber immer 0, was zur Folge hat, dass der Penalty-Term für große, positive Werte keinen zusätzlichen und insbesondere keinen negativen Beitrag leistet. Da die Koerzivität des Funktionals I erfüllt ist, ist demnach das ganze Penalty-Funktional I_ϵ koerziv.

Aus diesen Resultaten können wir nun folgern, dass I_ϵ als Summe des Ursprungsfunktionals I und des Penalty-Terms p strikt konvex, schwach unterhalbstetig sowie nach unten beschränkt und koerziv ist. Die *Direkte Methode* impliziert die Existenz und Eindeutigkeit eines Minimierers $u_\epsilon \in H_0^1(\Omega)$.

Im nächsten Schritt wollen wir die Gleichung

$$(\nabla u_\epsilon, \nabla w) + \epsilon^{-2}(u_\epsilon^-, w) = (f, w)$$

für alle $w \in H_0^1(\Omega)$ herleiten, welche der eindeutig bestimmte Minimierer $u_\epsilon \in H_0^1(\Omega)$ erfüllt. Dazu betrachten wir $u_\epsilon = u_\epsilon^+ + u_\epsilon^-$ mit dem positiven Anteil $u_\epsilon^+ \geq 0$ sowie dem negativen Anteil $u_\epsilon^- < 0$.

Die Untersuchung der ersten Variation für alle $w \in H_0^1(\Omega)$ und $s \in \mathbb{R} \setminus \{0\}$ ergibt

$$\begin{aligned}
&\lim_{s\to 0} \frac{1}{s}\left[I_\epsilon(u_\epsilon + sw) - I_\epsilon(u_\epsilon)\right] \\
&= \int_\Omega \nabla w \cdot \nabla u_\epsilon \,\mathrm{d}x - \int_\Omega fw \,\mathrm{d}x + \lim_{s\to 0} \frac{\epsilon^{-2}}{2}\left[\int_\Omega \frac{\phi(u_\epsilon + sw) - \phi(u_\epsilon)}{s}\,\mathrm{d}x\right] \\
&\overset{\text{s. B.5.1}}{=} \int_\Omega \nabla w \cdot \nabla u_\epsilon \,\mathrm{d}x - \int_\Omega fw \,\mathrm{d}x + \frac{\epsilon^{-2}}{2}\left[\int_\Omega \lim_{s\to 0} \frac{\phi(u_\epsilon + sw) - \phi(u_\epsilon)}{s}\,\mathrm{d}x\right] \\
&= \int_\Omega \nabla w \cdot \nabla u_\epsilon \,\mathrm{d}x - \int_\Omega fw \,\mathrm{d}x + \frac{\epsilon^{-2}}{2}\int_\Omega \phi'(u_\epsilon) w \,\mathrm{d}x \\
&= \int_\Omega \nabla w \cdot \nabla u_\epsilon \,\mathrm{d}x - \int_\Omega fw \,\mathrm{d}x + \frac{\epsilon^{-2}}{2}\int_{\Omega^+} \phi'(u_\epsilon) w \,\mathrm{d}x + \frac{\epsilon^{-2}}{2}\int_{\Omega^-} \phi'(u_\epsilon) w \,\mathrm{d}x \\
&= \int_\Omega \nabla w \cdot \nabla u_\epsilon \,\mathrm{d}x - \int_\Omega fw \,\mathrm{d}x + \frac{\epsilon^{-2}}{2}\int_{\Omega^+} 0w \,\mathrm{d}x + \frac{\epsilon^{-2}}{2}\int_{\Omega^-} 2u_\epsilon^- w \,\mathrm{d}x \\
&= \int_\Omega \nabla w \cdot \nabla u_\epsilon \,\mathrm{d}x - \int_\Omega fw \,\mathrm{d}x + \frac{\epsilon^{-2}}{2}\int_\Omega 2u_\epsilon^- w \,\mathrm{d}x \\
&= \int_\Omega \nabla w \cdot \nabla u_\epsilon \,\mathrm{d}x - \int_\Omega fw \,\mathrm{d}x + \epsilon^{-2}\int_\Omega u_\epsilon^- w \,\mathrm{d}x \\
&= 0,
\end{aligned}$$

da der Minimierer u_ϵ diese Euler-Lagrange-Gleichung löst. Hier haben wir zum Einen genutzt, dass $\Omega^+ := \{x \in \Omega \mid u_\epsilon(x) > 0\}$, $\Omega^- := \{x \in \Omega \mid u_\epsilon(x) \leq 0\}$ mit $\Omega = \Omega^+ \cup \Omega^-$ und $\Omega^+ \cap \Omega^- = \varnothing$. Zum Anderen wurde der Grenzwert mit dem Integral vertauscht, was mit dem Satz über majorisierte Konvergenz von Lebesgue im Anhang B.5.1 bewiesen wird.

Somit erfüllt der Minimierer die Gleichung

$$(\nabla u_\epsilon, \nabla w) + \epsilon^{-2}(u_\epsilon^-, w) = (f, w) \tag{3.2}$$

für alle $w \in H_0^1(\Omega)$. Desweiteren wissen wir, dass für einen Minimierer $u \in K$ von I nach Satz 2.3.1 die Variationsungleichung

$$\int_\Omega \nabla u \cdot \nabla(u - v)\,\mathrm{d}x \leq \int_\Omega f(u - v)\,\mathrm{d}x$$

beziehungsweise

$$(\nabla u, \nabla(u - v)) \leq (f, u - v) \tag{3.3}$$

für alle $v \in K$ erfüllt ist.

Mit diesen Voraussetzungen können wir nun $\|\nabla(u - u_\epsilon)\|$ abschätzen durch

$$
\begin{aligned}
\|\nabla(u-u_\epsilon)\|^2 &= \|\nabla u - \nabla u_\epsilon\|^2 \\
&= (\nabla u, \nabla u) - 2(\nabla u, \nabla u_\epsilon) + (\nabla u_\epsilon, \nabla u_\epsilon) \\
&= (\nabla u, \nabla u) - 2(\nabla u, \nabla u_\epsilon) + (\nabla u_\epsilon, \nabla u_\epsilon) - (\nabla u, \nabla u_\epsilon^+) + (\nabla u, \nabla u_\epsilon^+) \\
&= (\nabla u, \nabla(u - u_\epsilon^+)) + (\nabla u, \nabla(u_\epsilon^+ - u_\epsilon)) - (\nabla u_\epsilon, \nabla(u-u_\epsilon)) \\
&\overset{(3.3)}{\leq} (f, u - u_\epsilon^+) + (\nabla u, \nabla(u_\epsilon^+ - u_\epsilon)) - (\nabla u_\epsilon, \nabla(u-u_\epsilon)) \\
&\overset{(3.2)}{=} (f, u - u_\epsilon^+) + (\nabla u, \nabla(u_\epsilon^+ - u_\epsilon)) - (f, u-u_\epsilon) + \epsilon^{-2}(u_\epsilon^-, u-u_\epsilon) \\
&= (f, u - u_\epsilon^+ - u + u_\epsilon) + (\nabla u, \nabla u_\epsilon^-) + \epsilon^{-2}(u_\epsilon^-, u-u_\epsilon) \\
&= (f, u_\epsilon^-) + (\nabla u, \nabla u_\epsilon^-) + \epsilon^{-2}(u_\epsilon^-, u-u_\epsilon).
\end{aligned}
$$

Der letzte Term $\epsilon^{-2}(u_\epsilon^-, u-u_\epsilon)$ soll nun weiter abgeschätzt werden.
Mit $u \in K$, $u_\epsilon = u_\epsilon^+ + u_\epsilon^-$ gilt

$$(u_\epsilon^+, u_\epsilon^-) = 0, \tag{3.4}$$

da entweder $u_\epsilon \geq 0$ und somit $u_\epsilon^- = 0$ oder $u_\epsilon \leq 0$ und daher $u_\epsilon^+ = 0$. Außerdem ist

$$(u_\epsilon^-, u) \leq 0, \tag{3.5}$$

da $u \geq \chi = 0$ und $u_\epsilon^- \leq 0$.
Es folgt

$$
\begin{aligned}
\epsilon^{-2}(u_\epsilon^-, u-u_\epsilon) &= \epsilon^{-2}(u_\epsilon^-, u) - \epsilon^{-2}(u_\epsilon^-, u_\epsilon) \\
&= \epsilon^{-2}(u_\epsilon^-, u) - \epsilon^{-2}(u_\epsilon^-, u_\epsilon^+) - \epsilon^{-2}(u_\epsilon^-, u_\epsilon^-) \\
&\overset{(3.4)}{=} \epsilon^{-2}(u_\epsilon^-, u) - \epsilon^{-2}(u_\epsilon^-, u_\epsilon^-) \\
&\overset{(3.5)}{\leq} -\epsilon^{-2}(u_\epsilon^-, u_\epsilon^-) \\
&= -\epsilon^{-2}\|u_\epsilon^-\|^2.
\end{aligned}
$$

Indem wir diesen Term in die obige Ungleichung einsetzen, erhalten wir

$$\|\nabla(u-u_\epsilon)\|^2 + \epsilon^{-2}\|u_\epsilon^-\|^2 \leq (f, u_\epsilon^-) + (\nabla u, \nabla u_\epsilon^-).$$

Um diese Ungleichung noch weiter abzuschätzen, verwenden wir die Greensche Formel (s. Bemerkung B.3.4) sowie die Höldersche Ungleichung und erhalten

$$
\begin{aligned}
\|\nabla(u-u_\epsilon)\|^2 + \epsilon^{-2}\|u_\epsilon^-\|^2 &\leq (f, u_\epsilon^-) + (\nabla u, \nabla u_\epsilon^-) \\
&= (f, u_\epsilon^-) - (u_\epsilon^-, \Delta u) \\
&= (f - \Delta u, u_\epsilon^-) \\
&\leq \|f - \Delta u\|\|u_\epsilon^-\| \\
&\leq \frac{\epsilon^2}{2}\|f-\Delta u\|^2 + \frac{\epsilon^{-2}}{2}\|u_\epsilon^-\|^2,
\end{aligned}
$$

wobei in der letzten Abschätzung die Allgemeine Youngsche Ungleichung mit $p = q = 2$ und $\epsilon > 0$ (s. Bemerkung B.3.5) einging. Daraus folgt

$$\|\nabla(u - u_\epsilon)\|^2 + \frac{\epsilon^{-2}}{2}\|u_\epsilon^-\|^2 \leq \frac{\epsilon^2}{2}\|f - \Delta u\|$$

beziehungsweise

$$2\|\nabla(u - u_\epsilon)\|^2 + \epsilon^{-2}\|u_\epsilon^-\|^2 \leq \epsilon^2\|f - \Delta u\|.$$

□

Wir können die Differenz $\|\nabla(u - u_\epsilon)\|^2$ nun weiter mit Hilfe der Friedrichs-Ungleichung abschätzen, was direkt eine Fehlerabschätzung für die Differenz $\|u - u_\epsilon\|^2$ ergibt.

Der soeben bewiesene Satz macht deutlich, dass im Falle der Grenzwertbetrachtung $\epsilon \to 0$, der Penetrationsfehler $\|u_\epsilon^-\|$ als auch die Differenz $\|\nabla(u - u_\epsilon)\|$ beziehungsweise $\|u - u_\epsilon\|$ hinreichend klein werden müssen, um der Positivität der Norm zu genügen. Anschaulich wird dann die Verletzung der Nebenbedingung immer kleiner, ebenso konvergiert die Lösung u_ϵ des Penalty-Funktionals I_ϵ gegen die Lösung u des Ausgangsfunktionals I.

3.3 Konforme Bestrafung

Um eine Familie von Approximationen $(u_\epsilon)_{\epsilon>0} \subset K$ zu erhalten, welche die Nebenbedingung erfüllt, das heißt $u_\epsilon \geq \chi$ in Ω für alle $\epsilon > 0$, müssen wir zunächst eine geeignete Penalty-Methode definieren. Dazu wählen wir eine Lipschitzstetige Funktion $\theta \in W^{1,\infty}(\mathbb{R})$ mit den Eigenschaften

$$\theta' \geq 0, \qquad 0 \leq \theta \leq 1 \quad \text{und} \quad \theta(t) = 0 \text{ für alle } t \leq 0.$$

Weiter setzen wir voraus, dass $\theta(t) \to 1$ für $t \to \infty$ mit Schrittweite $1/t$, das heißt es existiert eine Konstante $c_\theta > 0$ sodass

$$1 - \theta(t) \leq c_\theta t^{-1}$$

für alle $t > 0$. Mögliche Beispiele solcher Funktionen sind $\theta(t) = t/(1+t)$ oder $\theta(t) = (2/\pi)\arctan(t)$. Diese erfüllen die Voraussetzungen und können für die Penalty-Methode genutzt werden.

Der nachfolgende Satz definiert solch eine Penalty-Methode, deren Lösung u_ϵ der Nebenbedingung $u_\epsilon \geq \chi$ genügt und erlaubt, eine Abschätzung für die Differenz $u - u_\epsilon$ anzugeben.

Satz 3.3.1 (Konforme Bestrafung, vgl. [Rod87], Theorem 3.1). *Sei $g = 0$ auf Γ_N und $\theta_\epsilon(t) := \theta(t/\epsilon)$ für alle $t \in \mathbb{R}$ und $\epsilon \geq 0$. Weiter sei $\xi \in L^2(\Omega)$ eine nicht-negative Funktion, sodass $\xi \geq (-\Delta\chi - f)^+ + \partial_n\chi|_{\Gamma_N}$ in dem Sinn, dass*

$$(\nabla\chi, \nabla\phi) - (f, \phi) \leq (\xi, \phi) \tag{3.6}$$

für alle $\phi \in H_D^1(\Omega)$ mit $\phi \geq 0$ in Ω. Dann existiert eine eindeutig bestimmte Funktion $u_\epsilon \in H_D^1(\Omega)$, sodass

$$(\nabla u_\epsilon, \nabla w) + ([\theta_\epsilon(u_\epsilon - \chi) - 1]\xi, w) = (f, w) \tag{3.7}$$

für alle $w \in H_D^1(\Omega)$, welche $u_\epsilon \geq \chi$ erfüllt. Weiter gilt die Fehlerabschätzung

$$\|\nabla(u - u_\epsilon)\|^2 \leq \epsilon c_\theta \|\xi\|_{L^1(\Omega)}.$$

Beweis. Sei zunächst $\Theta_\epsilon \in C^1(\mathbb{R})$ eine stetige Funktion, welche $\Theta'_\epsilon = \theta_\epsilon$ genügt. Für $u \in H^1_D(\Omega)$ definieren wir das Funktional I_ϵ durch

$$I_\epsilon(u) := \frac{1}{2}\int_\Omega |\nabla u|^2 \,\mathrm{d}x + \int_\Omega \Theta_\epsilon(u-\chi)\xi \,\mathrm{d}x - \int_\Omega (f+\xi)u \,\mathrm{d}x.$$

Wir wollen die Existenz und Eindeutigkeit eines Minimierers $u_\epsilon \in H^1_D(\Omega)$ von I_ϵ hier nicht explizit beweisen. Diese folgt aus den Voraussetzungen des Satzes, der Funktion Θ_ϵ sowie dem Lions-Stampacchia-Theorem, siehe dazu [Rod87, S. 145 und S. 111].
Sei also $u_\epsilon \in H^1_D(\Omega)$ eindeutig bestimmter Minimierer des Funktionals I_ϵ. Um zu zeigen, dass Gleichung (3.7) erfüllt ist, müssen wir die erste Variation des Funktionals im Punkt u_ϵ betrachten.
Die Berechnung des Grenzwertes für alle $w \in H^1_D(\Omega)$ und $s \in \mathbb{R} \setminus \{0\}$ ergibt mit der Kettenregel sowie der Eigenschaft $\Theta_\epsilon \in C^1(\mathbb{R})$ und $\Theta'_\epsilon = \theta_\epsilon$, dass

$$\begin{aligned}
&\lim_{s\to 0} \frac{1}{s}\left(I_\epsilon(u_\epsilon + sw) - I_\epsilon(u_\epsilon)\right)\\
&= \int_\Omega \nabla u_\epsilon \nabla w \,\mathrm{d}x - \int_\Omega (f+\xi)w \,\mathrm{d}x + \lim_{s\to 0}\frac{1}{s}\left[\int_\Omega \Theta_\epsilon(u_\epsilon + sw - \chi)\xi \,\mathrm{d}x - \int_\Omega \Theta_\epsilon(u_\epsilon - \chi)\xi \,\mathrm{d}x\right]\\
&\overset{\text{s. B.5.2}}{=} \int_\Omega \nabla u_\epsilon \nabla w \,\mathrm{d}x - \int_\Omega (f+\xi)w \,\mathrm{d}x + \int_\Omega \lim_{s\to 0}\left[\frac{\Theta_\epsilon(u_\epsilon - \chi + sw) - \Theta_\epsilon(u_\epsilon - \chi)}{s}\right]\xi \,\mathrm{d}x\\
&= \int_\Omega \nabla u_\epsilon \nabla w \,\mathrm{d}x - \int_\Omega (f+\xi)w \,\mathrm{d}x + \int_\Omega \Theta'_\epsilon(u_\epsilon - \chi)\xi w \,\mathrm{d}x\\
&= \int_\Omega \nabla u_\epsilon \nabla w \,\mathrm{d}x - \int_\Omega (f+\xi)w \,\mathrm{d}x + \int_\Omega \theta_\epsilon(u_\epsilon - \chi)\xi w \,\mathrm{d}x\\
&= \int_\Omega \nabla u_\epsilon \nabla w \,\mathrm{d}x - \int_\Omega \xi w \,\mathrm{d}x - \int_\Omega f w \,\mathrm{d}x + \int_\Omega \theta_\epsilon(u_\epsilon - \chi)\xi w \,\mathrm{d}x\\
&= \int_\Omega \nabla u_\epsilon \nabla w \,\mathrm{d}x - \int_\Omega f w \,\mathrm{d}x + \int_\Omega \left[\theta_\epsilon(u_\epsilon - \chi) - 1\right]\xi w \,\mathrm{d}x\\
&= 0,
\end{aligned}$$

da u_ϵ als eindeutig bestimmter Minimierer diese Euler-Lagrange-Gleichung löst. Auch hier haben wir den Grenzwert mit dem Integral vertauscht, was im Anhang B.5.2 mit Hilfe des Satzes über majorisierte Konvergenz von Lebesgue bewiesen wird.
Insgesamt haben wir also Gleichung (3.7)

$$(\nabla u_\epsilon, \nabla w) + ([\theta_\epsilon(u_\epsilon - \chi) - 1]\xi, w) = (f, w)$$

für alle $w \in H^1_D(\Omega)$ hergeleitet.

Im nächsten Schritt wollen wir zeigen, dass $u_\epsilon \in K$, das heißt, dass die Lösungsfunktion u_ϵ des Penalty-Funktionals I_ϵ die Nebenbedingung $u_\epsilon \geq \chi$ erfüllt, das Hinderins χ also nicht durchdringt.

Aufgrund der Voraussetzung an ξ erhalten wir die Ungleichung

$$\begin{aligned}
\|\nabla(\chi - u_\epsilon)^+\|^2 &= (\nabla(\chi - u_\epsilon)^+, \nabla(\chi - u_\epsilon)^+) \\
&= (\nabla(\chi - u_\epsilon), \nabla(\chi - u_\epsilon)^+) \\
&= (\nabla\chi, \nabla(\chi - u_\epsilon)^+) - (\nabla u_\epsilon, \nabla(\chi - u_\epsilon)^+) \\
&\overset{(3.7)}{=} (\nabla\chi, \nabla(\chi - u_\epsilon)^+) - (f, (\chi - u_\epsilon)^+) + ([\theta_\epsilon(u_\epsilon - \chi) - 1]\xi, (\chi - u_\epsilon)^+) \\
&= (\nabla\chi, \nabla(\chi - u_\epsilon)^+) - (f, (\chi - u_\epsilon)^+) - (\xi, (\chi - u_\epsilon)^+) + (\theta_\epsilon(u_\epsilon - \chi)\xi, (\chi - u_\epsilon)^+) \\
&= (\nabla\chi, \nabla(\chi - u_\epsilon)^+) - (f + \xi, (\chi - u_\epsilon)^+) + (\theta_\epsilon(u_\epsilon - \chi)\xi, (\chi - u_\epsilon)^+) \\
&\overset{(3.6)}{\leq} (\theta_\epsilon(u_\epsilon - \chi)\xi, (\chi - u_\epsilon)^+).
\end{aligned}$$

Nun wissen wir, dass in Ω entweder $u_\epsilon - \chi < 0$ und demnach $\theta_\epsilon(u_\epsilon - \chi) = \theta((u_\epsilon - \chi)/\epsilon) = 0$, nach Definition von θ, oder $u_\epsilon - \chi \geq 0$ und damit $\chi - u_\epsilon \leq 0$, also $(\chi - u_\epsilon)^+ = 0$ erfüllt ist.
Diese Überlegung impliziert

$$\|\nabla(\chi - u_\epsilon)^+\|^2 \leq (\theta_\epsilon(u_\epsilon - \chi)\xi, (\chi - u_\epsilon)^+) = 0,$$

insbesondere also

$$\|\nabla(\chi - u_\epsilon)^+\|^2 = 0$$

aufgrund der Positivität der Norm.
Wir müssen nun zwei Fälle unterscheiden: im ersten Fall nehmen wir an, dass $u_\epsilon < \chi$, das heißt $\chi - u_\epsilon > 0$ und damit $(\chi - u_\epsilon)^+ \neq 0$. Da $\|\nabla(\chi - u_\epsilon)^+\| = 0$ vorausgesetzt wird, müsste $\chi = u_\epsilon$ gelten, was einen Widerspruch zu $u < \chi$ darstellt. Somit bleibt der Fall $u_\epsilon \geq \chi$. Da hier $\chi - u_\epsilon \leq 0$, ist $(\chi - u_\epsilon)^+ = 0$, womit die obige Gleichung erfüllt ist; es gilt $u_\epsilon \in K$.

Zuletzt wollen wir noch die Fehlerabschätzung für die Differenz $u - u_\epsilon$ beweisen. Mit der Variationsungleichung (2.3), erfüllt durch $u \in K$, sowie der Euler-Lagrange-Gleichung (3.7), erfüllt durch $u_\epsilon \in H_D^1(\Omega)$, gilt

$$\begin{aligned}
\|\nabla(u - u_\epsilon)\|^2 &= (\nabla(u - u_\epsilon), \nabla(u - u_\epsilon)) \\
&= (\nabla u, \nabla(u - u_\epsilon)) - (\nabla u_\epsilon, \nabla(u - u_\epsilon)) \\
&\overset{(3.7)}{=} (\nabla u, \nabla(u - u_\epsilon)) + ([\theta_\epsilon(u_\epsilon - \chi) - 1]\xi, u - u_\epsilon) - (f, u - u_\epsilon) \\
&\overset{(2.3)}{\leq} (f, u - u_\epsilon) + ([\theta_\epsilon(u_\epsilon - \chi) - 1]\xi, u - u_\epsilon) - (f, u - u_\epsilon) \\
&= ([\theta_\epsilon(u_\epsilon - \chi) - 1]\xi, u - u_\epsilon) \\
&\leq ([\theta_\epsilon(u_\epsilon - \chi) - 1]\xi, \chi - u_\epsilon).
\end{aligned}$$

Das letzte Ungleichheitszeichen wollen wir kurz begründen. Sei $w \in K$ beliebig. Wir setzen $v = w - u_\epsilon \in K$, das heißt es gilt insbesondere $w - u_\epsilon \geq \chi - u_\epsilon$. Aufgrund dieser Vorüberlegung können wir folgern, dass

$$(\underbrace{1 - \theta_\epsilon}_{\geq 0}, w - u_\epsilon) \geq (1 - \theta_\epsilon, \chi - u_\epsilon).$$

Da $w \in K$ beliebig, können wir w durch u ersetzen. Wir erhalten $(1 - \theta_\epsilon, u - u_\epsilon) \geq (1 - \theta_\epsilon, \chi - u_\epsilon)$, beziehungsweise $(\theta_\epsilon - 1, u - u_\epsilon) \leq (\theta_\epsilon - 1, \chi - u_\epsilon)$. Wegen $\xi \geq 0$ folgt die benutzte Ungleichung.

Weiter gilt für $s \in \mathbb{R}$

$$s(1 - \theta_\epsilon(s)) = s(1 - \theta(s/\epsilon)) = \epsilon(s/\epsilon)(1 - \theta(s/\epsilon)) \leq \epsilon c_\theta.$$

Mit Hilfe dieser Abschätzung können wir letztendlich

$$\begin{aligned}
\|\nabla(u - u_\epsilon)\|^2 &\leq ([\theta_\epsilon(u_\epsilon - \chi) - 1]\xi, \chi - u_\epsilon) \\
&= ([1 - \theta_\epsilon(u_\epsilon - \chi)]\xi, u_\epsilon - \chi) \\
&= \int_\Omega [1 - \theta_\epsilon(u_\epsilon - \chi)]\xi(u_\epsilon - \chi)\,\mathrm{d}x \\
&\leq \|[1 - \theta_\epsilon(u_\epsilon - \chi)](u_\epsilon - \chi)\|_{L^\infty(\Omega)} \int_\Omega |\xi|\,\mathrm{d}x \\
&\leq \epsilon c_\theta \int_\Omega |\xi|\,\mathrm{d}x \\
&= \epsilon c_\theta \|\xi\|_{L^1(\Omega)},
\end{aligned}$$

zeigen. □

Auch hier können wir die Differenz $\|\nabla(u - u_\epsilon)\|$ mit Hilfe der Friedrichs-Ungleichung direkt abschätzen, was insgesamt eine Fehlerabschätzung für $\|u - u_\epsilon\|$ ergibt.

Dieser Satz verdeutlicht, dass durch geeignete Definition der Penalty-Methode mit einer Funktion θ, die Lösung u_ϵ die Nebenbedingung im Allgemeinen erfüllt. Betrachten wir den Grenzwert $\epsilon \to 0$, dann muss die Funktion u_ϵ aufgrund der Positivität der Norm schon gegen den eindeutig bestimmten Minimierer $u \in K$ konvergieren.

Bemerkung 3.3.2. *Die konforme Penalty-Methode ist nur anwendbar, falls $\chi \in H^2(\Omega)$.*

Dies soll im Folgenden begründet werden. Unter der Annahme, dass $\xi \geq (-\Delta\chi - f)^+ + \partial_n\chi|_{\Gamma_N}$, gilt mit der Greenschen Formel für $\chi \in H^1_D(\Omega)$ und $\phi \in H^1_D(\Omega)$ mit $\phi \geq 0$ in Ω

$$\begin{aligned}
(\nabla\chi, \nabla\phi) - (f, \phi) &= (\partial_n\chi, \phi)_{\partial\Omega} - (\Delta\chi, \phi) - (f, \phi) \\
&= (\partial_n\chi\phi)_{\Gamma_N} + (-\Delta\chi - f, \phi) \\
&= (\partial_n\chi, \phi)_{\Gamma_N} + ((-\Delta\chi - f)^+, \phi) + ((-\Delta\chi - f)^-, \phi) \\
&\leq (\xi, \phi) + ((-\Delta\chi - f)^-, \phi) \\
&\leq (\xi, \phi),
\end{aligned}$$

was genau der Bedingung (3.6) des Satzes 3.3.1 entspricht.

Kapitel 4

Duale Formulierung

Im abschließenden Kapitel dieser Arbeit wollen wir eine weitere, abstrakte Formulierung des Hindernisproblems herleiten und diskutieren. Bisher wurde das Problem als formales Minimierungsproblem dargestellt. Eine duale Formulierung erlaubt eine Darstellung als Maximierungsproblem. Dabei werden die sogenannten Fenchel-Konjugierten verwendet, welche auf den Dualräumen der zugehörigen Funktionale des Minimierungsproblems definiert sind.

4.1 Herleitung

Zunächst muss das Hindernisproblem als formal unrestringiertes Minimierungsproblem dargestellt werden. Dazu sei das Funktional durch

$$I(u) = \frac{1}{2}\int\limits_{\Omega} |\nabla u|^2 \,\mathrm{d}x - \int\limits_{\Omega} f u \,\mathrm{d}x + I_{K_0^+}(u - \chi),$$

mit der Indikatorfunktion $I_{K_0^+}$ der Menge

$$K_0^+ = \left\{ v \in H_D^1(\Omega) \big|\ v \geq 0 \text{ in } \Omega \right\}$$

gegeben. Mit Hilfe der Abbildung $\Lambda : H_D^1(\Omega) \to L^2(\Omega; \mathbb{R}^d),\ u \mapsto \nabla u$, können wir das oben dargestellte Funktional abstrakt durch

$$I(u) = F(\Lambda u) + G(u) \tag{4.1}$$

beschreiben. Dabei seien die Funktionale F und G durch

$$F : L^2(\Omega; \mathbb{R}^d) \to \mathbb{R} \cup \{+\infty\}, \quad \Lambda u = \nabla u \mapsto (1/2) \int\limits_{\Omega} |\nabla u|^2 \,\mathrm{d}x,$$

$$G : H_D^1(\Omega) \to \mathbb{R} \cup \{+\infty\}, \quad u \mapsto -\int\limits_{\Omega} f u \,\mathrm{d}x + I_{K_0^+}(u - \chi)$$

gegeben. Sowohl F als auch G sind konvex, schwach unterhalbstetig und eigentlich, was im Folgenden kurz begründet werden soll.

Im Beweis zu Satz 2.2.1 wurde in ähnlicher Weise bereits gezeigt, dass F strikt konvex und stetig ist, was schon die schwache Unterhalbstetigkeit impliziert. Ferner gilt $F(u) \geq 0$ und mit $u = 0$ ist

$F(u) \in \mathbb{R}$.

Für die Konvexität von G muss lediglich das Indikatorfunktional $I_{K_0^+}$ betrachtet werden, da die Linearität des Terms $\int_\Omega fu\,\mathrm{d}x$ bereits die Konvexität impliziert. Mit Hilfe einer Fallunterscheidung kann die Konvexität des Indikatorfunktionals $I_{K_0^+}$ gezeigt werden.

Aus der Konvexität sowie der Stetigkeit des Terms $\int_\Omega fu\,\mathrm{d}x$ folgt bereits die schwache Unterhalbstetigkeit. Das Indikatorfunktional $I_{K_0^+}$ ist ebenfalls schwach unterhalbstetig, was mit Hilfe von Bemerkung B.2.4 aus der Abgeschlossenheit und Konvexität der Menge K_0^+ folgt.

Wird $u = \chi$ gewählt, so wird sichergestellt, dass $G(u) \in \mathbb{R}$. Da beide Terme nach unten beschränkt sind, folgt, dass G eigentlich ist. Insgesamt sind also alle Bedingungen an F und G erfüllt.

Wie im Anhang in Abschnitt B.6 bewiesen, besteht die zugehörige duale Formulierung aus der Maximierung von

$$p \mapsto D(p) = -F^*(p) - G^*(-\Lambda' p)$$

bezüglich $p \in L^2(\Omega;\mathbb{R}^d)$. Hier seien F^* und G^* die Fenchel-Konjugierten der Funktionale F und G, welche wir durch

$$F^* : L^2(\Omega;\mathbb{R}^d) \to \mathbb{R} \cup \{+\infty\}, \quad F^*(w) = \sup_{v \in L^2(\Omega;\mathbb{R}^d)} \langle w, v\rangle - F(v), \tag{4.2}$$

$$G^* : H_D^1(\Omega)' \to \mathbb{R} \cup \{+\infty\}, \quad G^*(q) = \sup_{p \in H_D^1(\Omega)} \langle q, p\rangle - G(p) \tag{4.3}$$

definieren. Hier ist anzumerken, dass wir den Dualraum $L^2(\Omega;\mathbb{R}^d)'$ mit dem Raum $L^2(\Omega;\mathbb{R}^d)$ selbst identifizieren. Weiter sei Λ' der zu Λ konjugierte Operator, $\Lambda' = \nabla' : L^2(\Omega;\mathbb{R}^d) \to H_D^1(\Omega)'$, definiert durch $\langle \nabla' p, v\rangle = (p, \nabla v)$ für alle $v \in H_D^1(\Omega)$.

Ziel ist nun, eine äquivalente Formulierung der Fenchel-Konjugierten F^* und G^* unseres Maximierungs-Problems herzuleiten.

Zunächst möchten wir zeigen, dass $F^* = F$ gilt. Für $w \in L^2(\Omega;\mathbb{R}^d)$ ist nach Defnition

$$\begin{aligned}
F^*(w) &= \sup_{v \in L^2(\Omega;\mathbb{R}^d)} \langle w, v\rangle - F(v) \\
&= \sup_{v \in L^2(\Omega;\mathbb{R}^d)} \langle w, v\rangle - \frac{1}{2}\int_\Omega |v|^2\,\mathrm{d}x \\
&\leq \sup_{v \in L^2(\Omega;\mathbb{R}^d)} \|w\|\|v\| - \frac{1}{2}\|v\|^2 \\
&= \sup_{v \in L^2(\Omega;\mathbb{R}^d)} -\left(\frac{\|v\|}{\sqrt{2}} - \frac{\|w\|}{\sqrt{2}}\right)^2 + \frac{\|w\|^2}{2} \\
&\leq \frac{\|w\|^2}{2} \\
&= F(w)
\end{aligned}$$

sowie

$$\begin{aligned} F^*(w) &= \sup_{v\in L^2(\Omega;\mathbb{R}^d)} \langle w,v\rangle - F(v) \\ &\geq \left(\langle w,v\rangle - F(v)\right)\Big|_{v=w} \\ &= F(w). \end{aligned}$$

Weiter können wir nun G^* für $\mu \in H^1_D(\Omega)'$ darstellen durch

$$\begin{aligned} G^*(\mu) &= \sup_{u\in H^1_D(\Omega)} \langle \mu,u\rangle - G(u) \\ &\overset{\text{Def. } G}{=} \sup_{u\in H^1_D(\Omega)} \langle \mu,u\rangle + \int_\Omega f u \,\mathrm{d}x - I_{K_0^+}(u-\chi) \\ &= \sup_{u\in H^1_D(\Omega)} \langle \mu,u\rangle + \langle f,u\rangle - I_{K_0^+}(u-\chi) \\ &= \sup_{u\in H^1_D(\Omega)} \langle \mu+f,u\rangle - I_{K_0^+}(u-\chi) \\ &= \sup_{\substack{u=\tilde{u}+\chi,\\ \tilde{u}\in H^1_D(\Omega)}} \langle \mu+f,\tilde{u}+\chi\rangle - I_{K_0^+}(\tilde{u}) \\ &= \sup_{\tilde{u}\in H^1_D(\Omega)} \langle \mu+f,\tilde{u}\rangle + \langle \mu+f,\chi\rangle - I_{K_0^+}(\tilde{u}) \\ &\overset{\text{Def. } I^*_{K_0^+}}{=} \sup_{\tilde{u}\in H^1_D(\Omega)} \langle \mu+f,\tilde{u}\rangle + \langle \mu+f,\chi\rangle - \langle \mu+f,\tilde{u}\rangle + I^*_{K_0^+}(\mu+f) \\ &= \langle \mu+f,\chi\rangle + I_{K_0^-}(\mu+f), \end{aligned}$$

wobei in der letzten Zeile $I^*_{K_0^+} = I_{K_0^-}$ benutzt wurde. Dies ist aufgrund der Definition der Menge K_0^- durch

$$K_0^- = \{w \in H^1_D(\Omega)' \,|\; w \leq 0 \text{ in } \Omega\}$$

sowie der Überlegung

$$\begin{aligned} I^*_{K_0^+}(u) &= \sup_{v\in H^1_D(\Omega)} \Big(\langle u,v\rangle - I_{K_0^+}(v)\Big) \\ &= \sup_{\substack{v\in H^1_D(\Omega),\\ v\geq 0}} \langle u,v\rangle \\ &= \begin{cases} 0, & \text{falls } u \leq 0 \\ \infty, & \text{falls } u > 0 \end{cases} \\ &= I_{K_0^-}(u) \end{aligned}$$

für alle $u \in H^1_D(\Omega)'$ gerechtfertigt.

Insgesamt ergibt sich für alle $\mu \in H^1_D(\Omega)'$

$$G^*(\mu) = \langle \mu+f,\chi\rangle + I_{K_0^-}(\mu+f),$$

beziehungsweise für $p \in L^2(\Omega;\mathbb{R}^d)$ die Gleichung

$$G^*(-\Lambda' p) = G^*(-\nabla' p) = \langle -\nabla' p + f, \chi\rangle + I_{K_0^-}(f - \nabla' p).$$

Zusammenfassend lässt sich also das anfängliche Minimierungsproblem mittels dualer Formulierung als Maximierungsproblem darstellen (vgl. B.6). Nach der obigen Herleitung erfordert dies, einen Maximierer $p \in L^2(\Omega;\mathbb{R}^d)$ zu finden, mit

$$\begin{aligned} p \mapsto D(p) &= -F^*(p) - G^*(-\Lambda' p) \\ &= -F^*(p) - G^*(-\nabla' p) \\ &= -\frac{1}{2}\int_\Omega |p|^2 \, \mathrm{d}x - \langle \chi, -\nabla' p + f\rangle - I_{K_0^-}(f - \nabla' p). \end{aligned}$$

4.2 Starke Dualität

Im Fall der starken Dualität, welche wir im nachfolgenden Abschnitt untersuchen werden, gilt Gleichheit zwischen dem Minimierungsproblem und dem dualen Maximierungsproblem, das heißt

$$I(u) = \inf_{v \in K} I(v) = \sup_{q \in L^2(\Omega;\mathbb{R}^d)} D(q) = D(p),$$

für $u \in K$ und $p \in L^2(\Omega;\mathbb{R}^d)$.
Durch Einschränkung auf $\Gamma_D = \partial\Omega$ gilt $\nabla' = -\operatorname{div}$, denn für $p \in L^2(\Omega;\mathbb{R}^d)$ und $v \in H_0^1(\Omega)$ ist mit partieller Integration die Gleichheit

$$\begin{aligned} \langle \nabla' p, v\rangle &= (p, \nabla v) \\ &= \int_\Omega \sum_{i=1}^n p_i \left(\frac{\partial v}{\partial x_i}\right) \mathrm{d}x \\ &= \sum_{i=1}^n \int_\Omega p_i \left(\frac{\partial v}{\partial x_i}\right) \mathrm{d}x \\ &= \sum_{i=1}^n \int_{\partial\Omega} (p_i n) v \, \mathrm{d}s - \sum_{i=1}^n \int_\Omega \frac{\partial p_i}{\partial x_i} v \, \mathrm{d}x \\ &= -\sum_{i=1}^n \int_\Omega \frac{\partial p_i}{\partial x_i} v \, \mathrm{d}x \\ &= -\int_\Omega v \sum_{i=1}^n \frac{\partial p_i}{\partial x_i} \, \mathrm{d}x \\ &= (-\operatorname{div} p, v) \end{aligned}$$

erfüllt. Wählen wir zudem $p = \nabla u$, so gilt starke Dualität, was im nachfolgenden Satz beschrieben wird.

Satz 4.2.1 (Starke Dualität). *Sei $\Gamma_D = \partial\Omega$. Dann ist $p = \nabla u$ maximal für $q \mapsto D(q)$ bezüglich $q \in L^2(\Omega;\mathbb{R}^d)$ und es gilt*

$$I(u) = \inf_{v\in K} I(v) = \sup_{q\in L^2(\Omega;\mathbb{R}^d)} D(q) = D(p).$$

Beweis. Sei zunächst $\phi : X \times Y \to \mathbb{R} \cup \{+\infty\}$ und $\overline{x} \in X$ gegeben, sodass

$$\sup_{y\in Y} \phi(\overline{x}, y) \geq \sup_{y\in Y} \inf_{x\in X} \phi(x, y)$$

gilt. Dann ist auch schon $\inf_{x\in X} \sup_{y\in Y} \phi(x,y) \geq \sup_{y\in Y} \inf_{x\in X} \phi(x,y)$ erfüllt. Unter Verwendung dieser Ungleichung sowie der Voraussetzung $\nabla' = -\operatorname{div}$, können wir nun

$$\begin{aligned}
I(u) &= \inf_{v\in K} I(v) \\
&\overset{B.6}{=} \inf_{v\in K} \sup_{q\in L^2(\Omega;\mathbb{R}^d)} -G^*(-\nabla' q) - F^*(q) \\
&\overset{F^*=F}{=} \inf_{v\in K} \sup_{q\in L^2(\Omega;\mathbb{R}^d)} -G^*(-\nabla' q) - \frac{1}{2}\int_\Omega |q|^2 \,\mathrm{d}x \\
&= \inf_{v\in H^1_D(\Omega)} \sup_{q\in L^2(\Omega;\mathbb{R}^d)} -\frac{1}{2}\int_\Omega |q|^2 \,\mathrm{d}x + \langle \nabla' q, v\rangle + G(v) \\
&\geq \sup_{q\in L^2(\Omega;\mathbb{R}^d)} \inf_{v\in H^1_D(\Omega)} -\frac{1}{2}\int_\Omega |q|^2 \,\mathrm{d}x + \langle \nabla' q, v\rangle + G(v) \\
&= \sup_{q\in L^2(\Omega;\mathbb{R}^d)} \inf_{v\in H^1_D(\Omega)} -\frac{1}{2}\int_\Omega |q|^2 \,\mathrm{d}x - (\operatorname{div} q, v) + G(v) \\
&= \sup_{q\in L^2(\Omega;\mathbb{R}^d)} \inf_{v\in H^1_D(\Omega)} (-1)\left(\frac{1}{2}\int_\Omega |q|^2 \,\mathrm{d}x + (\operatorname{div} q, v) - G(v)\right) \\
&= \sup_{q\in L^2(\Omega;\mathbb{R}^d)} (-1)\left(\sup_{v\in H^1_D(\Omega)} \frac{1}{2}\int_\Omega |q|^2 \,\mathrm{d}x + (\operatorname{div} q, v) - G(v)\right) \\
&= \sup_{q\in L^2(\Omega;\mathbb{R}^d)} (-1)\left(F(q) + G^*(\operatorname{div} q)\right) \\
&= \sup_{q\in L^2(\Omega;\mathbb{R}^d)} -F^*(q) - G^*(\operatorname{div} q) \\
&= \sup_{q\in L^2(\Omega;\mathbb{R}^d)} D(q)
\end{aligned}$$

herleiten. Aufgrund der Ungleichung $I(u) \geq \sup_{q\in L^2(\Omega;\mathbb{R}^d)} D(q)$ haben wir lediglich das sogenannte *schwache Dualitätsprinzip* gezeigt. Für die starke Dualität müssen wir dagegen Gleichheit zeigen.

Desweiteren soll erwähnt werden, dass für $-D(q) = (1/2)\int_\Omega |q|^2 \,\mathrm{d}x + \langle -\nabla q + f, \chi\rangle + I_{K_0}(-\nabla' q + f)$ ein eindeutig bestimmter Minimierer in $L^2(\Omega;\mathbb{R}^d)$ existiert, was ein weiteres Mal durch die *Direkte Methode der Variationsrechnung* gezeigt werden kann.

Um letztendlich die starke Dualität, also Gleichheit zu zeigen, wählen wir $p = \nabla u$. Mit der Eigenschaft $\operatorname{div} p + f \leq 0$ und somit $f - \nabla' p \leq 0$, können wir folgern, dass für $\operatorname{div} \nabla = \Delta$ die Gleichheit

$$\begin{aligned}
D(p) &= -\frac{1}{2}\int\limits_{\Omega} |p|^2 \,\mathrm{d}x - \langle \chi, -\nabla' p + f\rangle - I_{K_0^-}(f - \nabla' p) \\
&= -\frac{1}{2}\int\limits_{\Omega} |p|^2 \,\mathrm{d}x - (\chi, \operatorname{div} p + f) \\
&= \frac{1}{2}\int\limits_{\Omega} |p|^2 \,\mathrm{d}x - (p, p) - (\chi, \operatorname{div} p + f) \\
&= \frac{1}{2}\int\limits_{\Omega} |\nabla u|^2 \,\mathrm{d}x - (\nabla u, p) - (\chi, \operatorname{div} p + f) \\
&= \frac{1}{2}\int\limits_{\Omega} |\nabla u|^2 \,\mathrm{d}x - \langle u, \nabla' p\rangle - (\chi, \operatorname{div} p + f) \\
&= \frac{1}{2}\int\limits_{\Omega} |\nabla u|^2 \,\mathrm{d}x + (u, \operatorname{div} p) - (\chi, \operatorname{div} p + f) \\
&= \frac{1}{2}\int\limits_{\Omega} |\nabla u|^2 \,\mathrm{d}x + (u, \operatorname{div} p + f) - (f, u) - (\chi, \operatorname{div} p + f) \\
&= \frac{1}{2}\int\limits_{\Omega} |\nabla u|^2 \,\mathrm{d}x + (u - \chi, \operatorname{div} p + f) - (f, u) \\
&= \frac{1}{2}\int\limits_{\Omega} |\nabla u|^2 \,\mathrm{d}x + (u - \chi, \operatorname{div}(\nabla u) + f) - (f, u) \\
&= \frac{1}{2}\int\limits_{\Omega} |\nabla u|^2 \,\mathrm{d}x - (f, u) + (u - \chi, \Delta u + f).
\end{aligned}$$

gilt. Unter Beachtung des Komplementaritätprinzips aus Bemerkung 2.3.4 (iii), ist entweder $u = \chi$ in der Kontaktzone $\mathscr{C}$ oder $-\Delta u = f$ im Komplement der Kontaktzone $\mathscr{C}^c$. Das heisst, dass $(u - \chi, \Delta u + f) = 0$ fast überall in Ω. Da wir vorausgesetzt haben, dass $u \in K$ der eindeutig bestimmte Minimierer des Funktionals I ist, gilt insbesondere $u - \chi \geq 0$ und daher $I_{K_0^+}(u - \chi) = 0$. Insgesamt folgt

$$\begin{aligned}
D(p) &= \frac{1}{2}\int\limits_{\Omega} |\nabla u|^2 \,\mathrm{d}x - (f, u) + (u - \chi, \Delta u + f) \\
&= \frac{1}{2}\int\limits_{\Omega} |\nabla u|^2 \,\mathrm{d}x - (f, u) + I_{K_0^+}(u - \chi) \\
&= I(u),
\end{aligned}$$

was zeigt, dass $D(p) = I(u)$ im Fall von $\Gamma_D = \partial\Omega$ und $p = \nabla u$. Die starke Dualität ist somit erfüllt. □

Anhang A

Notationen

Die Menge $\Omega \subset \mathbb{R}^d$ sei ein offenes, beschränktes Lipschitzgebiet. Für eine Funktion $u : \Omega \to \mathbb{R}$ benutzen wir folgende Schreibweisen für die Ableitungen

$$\begin{aligned} \nabla u &:= \left(\frac{\partial u}{\partial x_1}, ..., \frac{\partial u}{\partial x_d} \right), \\ \Delta u &:= \sum_{i=1}^{d} \frac{\partial^2 u}{\partial x_i^2}, \\ \partial_n u &:= \nabla u \cdot n \end{aligned}$$

mit dem äußeren Einheitsnormalenvektor $n \in \mathbb{R}^d$. Für ein Vektorfeld $F : \Omega \to \mathbb{R}^d$ sei die Divergenz durch

$$\operatorname{div} F := \sum_{i=1}^{d} \frac{\partial F_i}{\partial x_i}.$$

definiert. Weiter beschreibe $\partial\Omega$ den Rand des Lipschitzgebietes Ω. Die Mengen Γ_N und Γ_D bezeichnen den Neumann- beziehungsweise den Dirichletrand des Gebietes. Das Volumen von Ω ist durch $|\Omega|$ gegeben, ansonsten steht $|.|$ für den Betrag einer reellen Zahl oder der euklidischen Norm eines Vektors. Das Komplement einer Menge A ist durch A^c definiert.
Für einen Banachraum X bezeichnen wir mit $\|.\|_X$ die zugehörige Norm. Den Dualraum von X bezeichnen wir mit X' und für die duale Paarung schreiben wir $\langle .,. \rangle_X$. Entsprechend bezeichnen wir für einen Hilbertraum H das zugehörige Skalarprodukt mit $(.,.)_H$. Dabei wollen wir folgende Kurzschreibweisen verwenden:

$$\begin{aligned} \|.\| &:= \|.\|_{L^2(\Omega)}, \\ (.,.) &:= (.,.)_{L^2(\Omega)}, \\ (.,.)_{\Gamma_N} &:= (.,.)_{L^2(\Gamma_N)}, \\ \langle .,. \rangle &:= \langle .,. \rangle_{H^1_D(\Omega)}. \end{aligned}$$

Für $M \subset \mathbb{R}^d$ und einen Banachraum X schreiben wir $C(M;X)$ für den Raum der stetigen Funktionen $F : M \to X$ und $C^k(M;\mathbb{R}^d)$ für den Raum der k-mal stetig differenzierbaren Funktionen

$F : M \to \mathbb{R}^d$. Wir benutzen die Definition $C^k(M) := C^k(M; \mathbb{R})$. Den Träger einer Funktion beschreiben wir mit *supp*, die Menge der stetigen, kompakt getragenen Funktionen in Ω ist $C_c(\Omega)$. Wir wollen die gängigen Definitionen der Lebesgue-Räume L^p sowie der Hilberträume H^m mit den zugehörigen Normen übernehmen.

Anhang B

Hilfsaussagen

B.1 Differentiation in Banachräumen

Im Folgenden sei X ein Banachraum und $I : X \to \mathbb{R}$ ein Funktional.

Definition B.1.1 ([Bar14a], Abschnitt 2.3.1). *(i) Das Funktional I heißt Gâteaux-differenzierbar in $u_0 \in X$ falls für alle $v \in X$ der Grenzwert*

$$DI(u_0)[v] := \lim_{s\to 0} \frac{I(u_0 + sv) - I(u_0)}{s}$$

existiert und die Abbildung $DI(u_0) : X \to \mathbb{R}, v \mapsto DI(u_0)[v]$ linear und stetig ist.
(ii) I heißt Fréchet-differenzierbar in $u_0 \in X$, falls ein linearer beschränkter Operator $A : X \to \mathbb{R}$ sowie eine Funktion $\phi : \mathbb{R} \to \mathbb{R}$ mit $\lim_{s\to 0} \phi(s)/s = 0$ existiert, sodass

$$I(u_0 + v) - I(u_0) = Av + \phi(\|v\|_X)$$

gilt. In diesem Fall definieren wir $DI(u_0) := A$.

Die nachfolgenden Hilfsaussagen sind dem Buch "Nichtlineare Funktionalanalysis", [Rů04], entnommen.

Definition B.1.2 (Subdifferential). *Sei X ein reeller Banachraum und $I : X \to [-\infty, +\infty]$ ein Funktional auf X. Ein Element $\mu \in X'$ heißt Subgradient von I an der Stelle $u \in X$, genau dann, wenn $I(u) \neq \pm\infty$ und*

$$I(v) \geq I(u) + \langle \mu, v - u\rangle$$

für alle $v \in X$. Die Menge aller Subgradienten von I in u heißt Subdifferential $\partial I(u)$.

Satz B.1.3. *Seien X, Y Banachräume. Dann gilt für $I : X \to Y$:*
(i) Ist I in einem Punkt u_0 Fréchet-differenzierbar, dann ist I in u_0 Gâteaux-differenzierbar.
(ii) Ist I in einer Umgebung $U(u_0)$ Gâteaux-differenzierbar und ist $DI(u)$ stetig in u_0, dann ist I Fréchet-differenzierbar in u_0.

Beweis. Siehe [Rů04, Abschnitt 2.2, Satz 2.5]. □

Satz B.1.4. *Sei $I : X \to \mathbb{R} \cup \{+\infty\}$ ein Funktional auf einem reellen Banachraum mit $I \not\equiv +\infty$. Dann ist $u \in X$ Lösung des Minimierungsproblems*

$$I(u) = \min_{v \in X} I(v)$$

genau dann, wenn

$$0 \in \partial I(u).$$

Beweis. Der Beweis soll [RŮ4, Abschnitt 3.3.1, Lemma 3.6] nachempfunden werden.

Für die Hinrichtung wählen wir zunächst den Minimierer $u \in X$ mit $I(u) = \min_{v \in X} I(v)$ und $I \not\equiv +\infty$. Das heißt insbesondere, dass

$$I(u) \leq I(v)$$

für alle $v \in X$. Weiter gilt für $I \not\equiv +\infty$ die Ungleichung

$$I(v) - I(u) \geq 0 = \langle 0, v - u \rangle,$$

demnach ist $0 \in \partial I(u)$.

Für die Rückrichtung sei nun $0 \in \partial I(u)$. Dann gilt bereits nach Definition B.1.2 des Subgradienten

$$\langle 0, v - u \rangle \leq I(v) - I(u)$$

für alle $v \in X$, also

$$I(u) \leq I(v),$$

beziehungsweise

$$I(u) = \min_{v \in X} I(v).$$

□

Lemma B.1.5. *Sei X ein reeller Banachraum und $I : X \to \mathbb{R}$ ein Funktional. Falls I konvex ist und eine Gâteaux-Ableitung $DI(u)$ im Punkt u besitzt, dann gilt:*

$$\partial I(u) = \{DI(u)\}$$

Beweis. Siehe [RŮ4, Abschnitt 3.3, Lemma 3.10 (i)]. □

B.2 Die Direkte Methode der Variationsrechnung

Die nachfolgenden Hilfsaussagen sind [Bar14a, Abschnitt 2.2] entnommen.

Wir betrachten ein Funktional $I : X \to \mathbb{R} \cup \{+\infty\}$, welches auf einem reellen, reflexiven Banachraum definiert ist und wollen die Existenz eines Minimierers von I diskutieren.

Definition B.2.1. *Wir nennen das Funktional $I : X \to \mathbb{R} \cup \{+\infty\}$* schwach unterhalbstetig, *wenn für jede Folge $(u_n)_{n \in \mathbb{N}} \subset X$ mit $u_n \rightharpoonup u$ für $n \to \infty$ die Ungleichung*

$$I(u) \leq \liminf_{n \to \infty} I(u_n)$$

erfüllt ist.

Definition B.2.2. *Das Funktional* $I : X \to \mathbb{R} \cup \{+\infty\}$ *heißt* koerziv, *wenn für jede Folge* $(u_n)_{n\in\mathbb{N}} \subset X$ *mit* $\|u_n\| \to \infty$ *für* $n \to \infty$ *auch* $I(u_n) \to \infty$ *gilt.*

Satz B.2.3 (Direkte Methode der Variationsrechnung). *Sei* $I : X \to \mathbb{R} \cup \{+\infty\}$ *ein schwach unterhalbstetiges, koerzives und nach unten beschränktes Funktional. Weiter gebe es ein* $u_0 \in X$ *mit* $I(u_0) \in \mathbb{R}$. *Dann besitzt* I *einen Minimierer in* X.

Beweis. Siehe [Bar14a, Abschnitt 2.2.1, Theorem 2.1]. □

Bemerkung B.2.4. *Falls ein Variationsproblem auf einer Teilmenge* $A \subset X$ *definiert ist, so muss gezeigt werden, dass die Menge* A *schwach abgeschlossen ist, um sicher zu stellen, dass die schwachen Häufungspunkte einer beschränkten Folge wieder in* A *liegen. Dies ist äquivalent zu der Bedingung, dass das Indikatorfunktional* $I_A : X \to \mathbb{R} \cup \{+\infty\}$ *schwach unterhalbstetig ist. Hinreichend dafür ist, dass* A *konvex und abgeschlossen ist.*

Satz B.2.5. *Sei* X *ein reeller Banachraum,* $I : X \to \mathbb{R} \cup \{+\infty\}$. *Ist* I *stetig und konvex, so ist* I *auch schwach unterhalbstetig.*

Beweis. Siehe [ABGM06, Abschnitt 3.3.1, Theorem 3.3.2]. □

B.3 Funktionalanalytische Grundlagen

Der folgende Abschnitt richtet sich nach [Bar14a, Kapitel 2.2.2].

Im Folgenden sollen die Funktionale, welche durch Integrale angewandt auf Funktionen und deren Ableitungen definiert sind, untersucht werden. Dazu betrachten wir immer ein beschränktes Lipschitzgebiet $\Omega \subset \mathbb{R}^d$. Wir nennen eine Funktion $u \in L^1(\Omega)$ *schwach differenzierbar*, falls ein Vektorfeld $G \in L^1(\Omega; \mathbb{R}^d)$ existiert, sodass

$$\int_\Omega u \operatorname{div} \phi \, \mathrm{d}x = -\int_\Omega G \cdot \phi \, \mathrm{d}x$$

für alle glatten, kompakt getragenen Vektorfelder $\phi \in C^\infty(\Omega; \mathbb{R}^d)$. Der *schwache Gradient* von u ist gegeben durch das Vektorfeld G mit $\nabla u = G$. Wir definieren die Menge

$$W^{1,p}(\Omega; \mathbb{R}^d) = \{u = (u_1, u_2, ..., u_d) \in L^p(\Omega) \mid \nabla u_j \in L^p(\Omega; \mathbb{R}^d),\ j = 1, 2, ..., d\},$$

welche mit der Norm $\|u\|_{W^{1,p}} = (\|u\|_{L^p}^p + \|\nabla u\|_{L^p}^p)^{1/p}$ ein Banachraum ist.
Für eine abgeschlossene Teilmenge $\Gamma_D \subset \partial\Omega$ mit positivem Oberflächenmaß setzen wir $W_D^1(\Omega; \mathbb{R}^d) = \{v \in W^{1,p}(\Omega) \mid v|_{\Gamma_D} = 0\}$ und schreiben $W_0^{1,p}(\Omega; \mathbb{R}^d)$, falls $\Gamma_D = \partial\Omega$.

Für $p = 2$ beschreibt $W^{1,2}(\Omega; \mathbb{R}^d)$ einen Hilbertraum, der mit $H^1(\Omega; \mathbb{R}^d)$ bezeichnet wird. Analog dazu schreiben wir $H_D^1(\Omega; \mathbb{R}^d)$ für $W_D^{1,2}(\Omega; \mathbb{R}^d)$.

Satz B.3.1 (Einbettungssätze von Sobolev). *Gilt* $p < d$, *so ist die Einbettung* $W^{1,p}(\Omega) \to L^q(\Omega)$ *für* $1 \le q \le p^*$ *mit* $p^* = pd/(d-p)$ *stetig, das heißt* $\|u\|_{L^q} \le c\|u\|_{W^{1,p}}$ *für eine Konstante* $c > 0$ *und für alle* $u \in W^{1,p}(\Omega)$. *Falls* $p = d$ *so gilt dies für alle* $1 \le q < \infty$. *Ist* $p < d$, *dann ist die Einbettung* $W^{1,p}(\Omega) \to C(\overline{\Omega})$ *stetig.*
Vorausgesetzt, dass $1 \le q < q^*$ *falls* $p < d$ *und* $1 \le q < \infty$ *falls* $p = d$ *sowie* $1 \le q \le \infty$ *falls* $p > d$, *so sind die Einbettungen kompakt, das heißt für* $u_j \rightharpoonup u$ *in* $W^{1,p}(\Omega)$ *folgt* $u_j \to u$ *in* $L^q(\Omega)$.

Beweis. Siehe [Alt12]. □

Bemerkung B.3.2 (vgl. [Bar14a], Abschnitt 2.2.2, Bemerkung 2.3). *(i) Die Teilmenge* $C^\infty(\overline{\Omega};\mathbb{R}^d) \cap W^{1,p}(\Omega;\mathbb{R}^d)$ *ist* dicht *und* $W^{1,p}(\Omega;\mathbb{R}^d)$ *ist* separabel *falls* $1 \leq p < \infty$. *Ist* $1 < p < \infty$ *so ist der Raum* $W^{1,p}(\Omega;\mathbb{R}^d)$ reflexiv.
(ii) Für $1 \leq p \leq \infty$ *gilt* $u_n \rightharpoonup u$ *in* $W^{1,p}(\Omega;\mathbb{R}^d)$ *genau dann, wenn* $u_n \to u$ *in* $L^p(\Omega;\mathbb{R}^d)$ *und* $\nabla u_n \to \nabla u$ *in* $L^p(\Omega;\mathbb{R}^d)$.

Satz B.3.3 (vgl. [Bar14b], Theorem 1.5). *Für* $1 \leq p \leq \infty$ *existiert ein beschränkter linearer Operator* $S : W^{1,p}(\Omega;\mathbb{R}^d) \to L^p(\Omega;\mathbb{R}^d)$, *der sogenannte* Spuroperator *in dem Sinn, dass* $Su = u|_{\partial\Omega}$ *für alle* $u \in C(\overline{\Omega};\mathbb{R}^d)$. *Für alle* $u \in W^{1,p}(\Omega;\mathbb{R}^d)$ *gilt die Ungleichung* $\|Su\|_{L^p(\partial\Omega)} \leq \tilde{c}_S\|u\|_{L^p(\Omega)}$ *mit einer Konstanten* $\tilde{c}_S > 0$.

Bemerkung B.3.4 (Partielle Integration/Greensche Formel, vgl. [Bar14b]). *Für* $1 \leq p \leq \infty$, $p' = p/(p-1)$, $v \in W^{1,p}(\Omega)$ *und* $w \in W^{1,p'}(\Omega;\mathbb{R}^d)$ *gilt die sogenannte* Greensche Formel *oder* partielle Integration

$$\int_\Omega v \operatorname{div} w \,\mathrm{d}x + \int_\Omega \nabla v \cdot w \,\mathrm{d}x = \int_{\partial\Omega} Sv\; Sw \cdot n \,\mathrm{d}s,$$

wobei n *den äußeren Einheitsnormalenvektor an* $\partial\Omega$ *bezeichne.*

Bemerkung B.3.5 (Ungleichungen). *(i) Friedrichs-Ungleichung (vgl. [Bar14b, Theorem 1.7]): Sei* $\Gamma_D \subset \partial\Omega$ *abgeschlossen mit positivem Oberflächenmaß. Dann gilt für* $1 \leq p \leq \infty$ *und* $f \in W^{1,p}_D(\Omega)$ *die Ungleichung*

$$\|f\|_{L^p(\Omega)} \leq c_F\|\nabla f\|_{L^p(\Omega)},$$

mit einer Konstante $c_F > 0$, *welche von* p, Ω *und* Γ_D *abhängt.*
(ii) Youngsche Ungleichung mit ϵ *(vgl. [Dob10, Satz A.3]):*

$$ab \leq \frac{\epsilon}{2}a^2 + \frac{1}{2\epsilon}b^2$$

für alle $a, b, \epsilon > 0$.
(iii) Verallgemeinerte Youngsche Ungleichung (vgl. [Dob10, Satz A.3]):

$$ab \leq \frac{1}{p}\epsilon^p a^p + \frac{1}{q}\epsilon^{-q} b^q$$

für alle $a, b, \epsilon > 0$, *mit* $(1/p) + (1/q) = 1$, $1 < p, q < \infty$.

Satz B.3.6. *Sei* Ω *ein beschränktes Gebiet. Sei* $(u_n)_{n\in\mathbb{N}} \subset L^p(\Omega)$ *mit* $1 \leq p \leq \infty$. *Dann folgt aus* $u_n \to u$ *in* $L^p(\Omega)$ *schon* $u_{n_k}(x) \to u(x)$ *punktweise für fast alle* $x \in \Omega$ *für eine Teilfolge* $(u_{n_k})_{k\in\mathbb{N}}$.

Beweis. Siehe [Dob10, Satz 4.25]. □

Satz B.3.7 (Satz über majorisierte Konvergenz von Lebesgue). *Sei* $p \geq 1$, $G \subset \mathbb{R}^d$ *und* $g_k, g, h : G \to \mathbb{R} \cup \{+\infty\}$ *Lebesgue-messbar. Es gelte* $g_k \to g$ *fast überall in* G *für* $k \to \infty$ *und* $|g_k| < h$ *fast überall in* G *und für alle* $k \in \mathbb{N}$. *Weiter gelte* $h \in L^1(G)$. *Dann sind auch* $g, g_k \in L^1(G)$ *für fast alle* $k \in \mathbb{N}$ *und es gilt*

$$\lim_{k\to\infty} \int_G g_k \,\mathrm{d}x = \int_G g \,\mathrm{d}x.$$

Beweis. Siehe [Alt12, A1.21]. □

B.4 Fréchet-Differenzierbarkeit des Funktionals I

Wir wollen nun die Fréchet-Differenzierbarkeit des Funktionals

$$I(u) = \frac{1}{2}\int\limits_{\Omega} |\nabla u|^2 \,\mathrm{d}x - \int\limits_{\Omega} fu \,\mathrm{d}x - \int\limits_{\Gamma_N} gu \,\mathrm{d}s$$

zeigen. Dazu nehmen wir an, dass für $u, v \in H_D^1(\Omega)$ die Fréchet-Ableitung in u an der Stelle v durch das lineare Funktional

$$DI(u)[v] = Av := \int\limits_{\Omega} \nabla u \cdot \nabla v \,\mathrm{d}x - \int\limits_{\Omega} fv \,\mathrm{d}x - \int\limits_{\Gamma_N} gv \,\mathrm{d}s \tag{B.1}$$

mit den Funktionen $f \in L^2(\Omega)$ und $g \in L^2(\Gamma_N)$ gegeben sei. Anhand dieser Annahme wollen wir mit Definition B.1.1 die Fréchet-Differenzierbarkeit überprüfen.

Mit der soeben definierten Ableitung $DI(u)[v]$ gilt bereits

$$I(u+v) - I(u) - Av = \frac{1}{2}\int\limits_{\Omega} |\nabla v|^2 \mathrm{d}x = \frac{1}{2}||\nabla v||^2 =: \phi(||\nabla v||).$$

Wir müssen noch zeigen, dass $\lim_{s\to 0} \phi(s)/s = 0$, was bereits durch

$$\lim_{||\nabla v||\to 0} \frac{\phi(||\nabla v||)}{||\nabla v||} = \lim_{||\nabla v||\to 0} \frac{1}{2}||\nabla v|| = 0$$

erfüllt ist.

Unter Verwendung der Hölder-Ungleichung, sowie der Friedrichs- und der Spurungleichung folgt die Stetigkeit von $DI(u)$ aus der Beschränktheit

$$\begin{aligned}
|Av| &= |DI(u)[v]| \\
&\leq \int\limits_{\Omega} |\nabla u \cdot \nabla v| \,\mathrm{d}x + \int\limits_{\Omega} |fv| \,\mathrm{d}x + \int\limits_{\Gamma_N} |gv| \,\mathrm{d}s \\
&\leq ||\nabla u||||\nabla v|| + ||f||||v|| + ||g||_{\Gamma_N}||v||_{\Gamma_N} \\
&\leq ||\nabla u||||\nabla v|| + c_F||f||||\nabla v|| + \tilde{c}_S||g||_{\Gamma_N}||v|| \\
&\leq ||\nabla u||||\nabla v|| + c_F||f||||\nabla v|| + \tilde{c}_S c_F||g||_{\Gamma_N}||\nabla v|| \\
&\leq ||\nabla u||||\nabla v|| + c_F||f||||\nabla v|| + c_S||g||_{\Gamma_N}||\nabla v|| \\
&\leq c||\nabla v|| \\
&\leq \tilde{c}
\end{aligned}$$

für alle $v \in H_D^1(\Omega)$. Insgesamt haben wir gezeigt, dass I Fréchet-differenzierbar ist und die Fréchet-Ableitung durch (B.1) gegeben ist.

B.5 Majorisierte Konvergenz

In Kapitel 3 über Penalty-Methoden wurde zum Beweis von Satz 3.2.1 und Satz 3.3.1 der Grenzwert mit dem Integral vertauscht. Dies soll im Folgenden begründet werden.

B.5.1 Rechnungen zu Satz 3.2.1

Wie in Satz 3.2.1 seien die Funktionen $u_\epsilon, w \in H_0^1(\Omega), \phi \in C^1(\mathbb{R})$ und die Konstante $s \in \mathbb{R} \setminus \{0\}$ gegeben. Um zu zeigen, dass die Vertauschung des Grenzwertes mit dem Integral

$$\lim_{s\to 0} \frac{\epsilon^{-2}}{2} \int\limits_\Omega \frac{\phi(u_\epsilon + sw) - \phi(u_\epsilon)}{s} \, \mathrm{d}x = \frac{\epsilon^{-2}}{2} \int\limits_\Omega \lim_{s\to 0} \frac{\phi(u_\epsilon + sw) - \phi(u_\epsilon)}{s} \, \mathrm{d}x$$

erlaubt ist, genügt es nach dem Satz B.3.7 über majorisierte Konvergenz von Lebesgue, eine Majorante für das Integral der linken Seite der Gleichung zu finden.
Wir wählen hierzu zunächst $t \in (0, s)$. Dann gilt mit dem Mittelwertsatz sowie der Hölder- und Friedrichs-Ungleichung die Abschätzung

$$\begin{aligned}
\left| \int\limits_\Omega \frac{\phi(u_\epsilon + sw) - \phi(u_\epsilon)}{s} \, \mathrm{d}x \right| &\leq \int\limits_\Omega \left| \frac{\phi(u_\epsilon + sw) - \phi(u_\epsilon)}{s} \right| \mathrm{d}x \\
&= \int\limits_\Omega \left| \frac{\phi'(u_\epsilon + sw)tw}{s} \right| \mathrm{d}x \\
&\leq \int\limits_\Omega |\phi'(u_\epsilon + sw)| \, |w| \, \mathrm{d}x \\
&\leq \sup_{x\in\Omega} |\phi'(x)| \int\limits_\Omega |w| \, \mathrm{d}x \\
&\leq c \int\limits_\Omega |w| \, \mathrm{d}x \\
&= c\|w\|_{L^1(\Omega)} \\
&\leq \tilde{c}\|w\| \\
&\leq \hat{c}\|\nabla w\|,
\end{aligned}$$

was die Existenz einer Majorante zeigt und die Vertauschung des Integrals mit dem Grenzwert rechtfertigt.

B.5.2 Rechnungen zu Satz 3.3.1

Wir wollen hier analog zu dem obigen Beweis vorgehen. Gegeben seien die Funktionen $w \in H_D^1(\Omega)$, $\chi \in H^1(\Omega)$, $\xi \in L^2(\Omega)$, $\Theta_\epsilon \in C^1(\mathbb{R})$ mit der Eigenschaft $\Theta'_\epsilon = \theta_\epsilon$ und $\theta_\epsilon \in W^{1,\infty}(\mathbb{R})$. Weiter sei $s \in \mathbb{R} \setminus \{0\}$ eine reelle Zahl. Wir wollen zeigen, dass die Vertauschung

$$\lim_{s\to 0} \int_\Omega \frac{\Theta_\epsilon(u_\epsilon + sw - \chi)\xi - \Theta_\epsilon(u_\epsilon - \chi)\xi}{s} \,\mathrm{d}x = \int_\Omega \lim_{s\to 0} \frac{\Theta_\epsilon(u_\epsilon - \chi + sw) - \Theta_\epsilon(u_\epsilon - \chi)}{s} \xi \,\mathrm{d}x$$

erlaubt ist, was wir wieder mit dem Satz über majorisierte Konvergenz von Lebesgue (vgl. Satz B.3.7) zeigen wollen. Mit der Wahl $t \in (0, s)$ sowie dem Mittelwertsatz folgt die Abschätzung

$$\begin{aligned}
\left| \int_\Omega \frac{\Theta_\epsilon(u_\epsilon + sw - \chi)\xi - \Theta_\epsilon(u_\epsilon - \chi)\xi}{s} \,\mathrm{d}x \right| &\leq \int_\Omega \left| \frac{\Theta_\epsilon(u_\epsilon + sw - \chi)\xi - \Theta_\epsilon(u_\epsilon - \chi)\xi}{s} \right| \mathrm{d}x \\
&= \int_\Omega \left| \frac{\Theta'_\epsilon(u_\epsilon + sw - \chi)tw\xi}{s} \right| \mathrm{d}x \\
&= \int_\Omega \left| \frac{\theta_\epsilon(u_\epsilon + sw - \chi)tw\xi}{s} \right| \mathrm{d}x \\
&\leq \int_\Omega |\theta_\epsilon(u_\epsilon + sw - \chi)||w\xi| \,\mathrm{d}x \\
&\leq ||\theta_\epsilon||_{L^\infty(\Omega)} \int_\Omega |w\xi| \,\mathrm{d}x \\
&\leq c \int_\Omega |w\xi| \,\mathrm{d}x \\
&= c||w\xi||_{L^1(\Omega)} \\
&\leq c||w||||\xi|| \\
&\leq \tilde{c}||\nabla w||||\xi||.
\end{aligned}$$

Dies zeigt die Existenz einer Majorante, wodurch die Vertauschung des Grenzwertes mit dem Integral gerechtfertigt ist.

B.6 Duale Formulierung: Maximierung

Die nachfolgende Herleitung der dualen Formulierung entspricht [Bar14a, Abschnitt 4.1.4].

Seien X, Y Banachräume, $\Lambda : X \to Y$ ein beschränkter, linearer Operator sowie $F : X \to \mathbb{R} \cup \{+\infty\}$ und $G : X \to \mathbb{R} \cup \{+\infty\}$ konvexe, unterhalbstetige und eigentliche Funktionale. Ziel ist es, ein $u \in X$ zu finden, sodass

$$I(u) = \inf_{v \in X} I(v), \qquad I(v) = F(v) + G(\Lambda v)$$

erfüllt ist. Die zugehörigen Fenchel-Konjugierten $F^* : X' \to \mathbb{R} \cup \{+\infty\}$ und $G^* : Y' \to \mathbb{R} \cup \{+\infty\}$

sind für $w \in X'$ und $q \in Y'$ definiert durch

$$F^*(w) = \sup_{v \in X} \langle w, v \rangle - F(v)$$
$$G^*(q) = \sup_{p \in Y} \langle q, p \rangle - G(p)$$

und ebenfalls konvex, schwach unterhalbstetig und eigentlich. Wir nehmen an, dass Y reflexiv ist, was $G = G^{**}$ rechtfertigt. Weiter sei $\Lambda' : Y' \to X'$ der formale adjungierte Operator zu Λ, definiert durch $\langle \Lambda v, q \rangle = \langle v, \Lambda' q \rangle$. Nun gilt für eine beliebige Funktion $H : X \times Y' \to \mathbb{R} \cup \{+\infty\}$ die Relation $\inf_v \sup_q H(v,q) \geq \sup_q \inf_v H(v,q)$. Damit können wir die Ungleichung

$$\begin{aligned}
\inf_{v \in X} I(v) &= \inf_{v \in X} F(v) + G(\Lambda v) \\
&= \inf_{v \in X} F(v) + G^{**}(\Lambda v) \\
&= \inf_{v \in X} \sup_{q \in Y'} F(v) + \langle q, \Lambda v \rangle - G^*(q) \\
&= \inf_{v \in X} \sup_{q \in Y'} F(v) + \langle v, \Lambda' q \rangle - G^*(q) \\
&\geq \sup_{q \in Y'} \inf_{v \in X} F(v) + \langle v, \Lambda' q \rangle - G^*(q) \\
&= \sup_{q \in Y'} \inf_{v \in X} F(v) - \langle v, -\Lambda' q \rangle - G^*(q) \\
&= \sup_{q \in Y'} \inf_{v \in X} \left[(-1)\left(-F(v) + \langle v, -\Lambda' q \rangle + G^*(q)\right)\right] \\
&= \sup_{q \in Y'} \left[(-1) \sup_{v \in X} \left(-F(v) + \langle v, -\Lambda' q \rangle + G^*(q)\right)\right] \\
&= \sup_{q \in Y'} \left[(-1) \sup_{v \in X} \left(-F(v) + \langle v, -\Lambda' q \rangle\right) - G^*(q)\right] \\
&= \sup_{q \in Y'} \left[-F^*(-\Lambda' q) - G^*(q)\right].
\end{aligned}$$

folgern. Diese Ungleichung ist die Motivation dazu, das duale Problem zu betrachten, welches darin besteht, ein $p \in Y'$ zu finden, sodass

$$D(p) = \sup_{q \in Y'} D(q), \quad D(q) = -F^*(-\Lambda' q) - G^*(q)$$

erfüllt ist.

Gilt die Ungleichung

$$I(u) = \inf_{v \in X} \geq \sup_{q \in Y'} D(q) = D(p),$$

so sprechen wir von dem sogenannten *schwachen Dualitätsprinzip*. Im Fall von Gleichheit ist die sogenannte *starke Dualität* erfüllt.

Literaturverzeichnis

[ABGM06] Hedy Attouch, Buttazzo Giuseppe, and Gérard Michaille, *Variational Analysis in Sobolev and BV Spaces - Applications to PDEs and Optimization*, SIAM, Philadelphia, 2006.

[Alt12] Hans W. Alt, *Lineare Funktionalanalysis - Eine anwendungsorientierte Einführung*, 6. ed., Springer, Berlin, Heidelberg, 2012.

[Bar14a] Sören Bartels, *Numerical Methods for Nonlinear Partial Differential Equations*, Springer, Heidelberg, to appear in 2014.

[Bar14b] ———, *Skript zur Vorlesung: Einführung in Theorie und Numerik partieller Differentialgleichungen*, Tech. report, Albert-Ludwigs-Universität Freiburg, Wintersemester 2013/2014.

[BS68] Haïm Brézis and Guido Stampacchia, *Sur la régularité de la solution d'inéquations elliptiques*, Bulletin de la Société Mathématique de France **96** (1968), 153–180 (fre).

[Dob10] Manfred Dobrowolski, *Angewandte Funktionalanalysis - Funktionalanalysis, Sobolev-Räume und elliptische Differentialgleichungen*, 2. ed., Springer, Berlin, Heidelberg, 2010.

[EGK11] Christof Eck, Harald Garcke, and Peter Knabner, *Mathematische Modellierung*, 2. ed., Springer, Berlin, Heidelberg, 2011.

[Kas06] Henry Kasumba, *Uzawa-Type Methods for the Obstacle Problem*, Master's thesis, Johannes Kepler Universität Linz, 2006.

[Rin06] Filip Rindler, *Elliptische Variationsungleichungen: Hausarbeit zum Seminar Differentialgleichungen bei Prof. Dr. Petra Wittbold*, Tech. report, Technische Universität Berlin, 2006.

[Rod87] José-F. Rodrigues, *Obstacle Problems in Mathematical Physics*, North-Holland Mathematics Studies, vol. 134, Elsevier Science, Amsterdam, 1987.

[Rou05] Tomáš Roubíček, *Nonlinear Partial Differential Equations with Applications*, International Series of Numerical Mathematics, Birkhäuser-Verlag, 2005.

[R04] Michael Růžička, *Nichtlineare Funktionalanalysis - Eine Einführung*, Springer, Berlin, Heidelberg, 2004.

[Sta07] Gerhard Starke, *Skript zur Vorlesung: Variationsungleichungen*, Tech. report, Leibniz-Universität Hannover, Sommersemester 2007.

Zusammenfassung

Das Hindernisproblem ist ein typisches und anschauliches Minimierungsproblem, bei dem versucht wird, die Energie des Dirichletfunktionals zu minimieren.

Lösungsfunktionen werden dabei als schwache Lösungen aus einem unendlich-dimensionalen Hilbertraum interpretiert, was vor allem Beweistechniken aus der linearen sowie der nichtlinearen Funktionalanalysis erfordert. Die Existenz eines Minimierers haben wir mit Hilfe der *Direkten Methode der Variationsrechnung* bewiesen. Aufgrund der zusätzlichen Voraussetzung der strikten Konvexität des Energiefunktionals konnten wir die Eindeutigkeit einer schwachen Lösung zeigen.

Eine notwendige und hinreichende Bedingung an den eindeutig bestimmten Minimierer des Funktionals lieferte die Variationsungleichung, welche im weiteren Verlauf der Arbeit immer wieder Anwendung fand. Tiefer gehende Resultate über Differentiation in Banachräumen, der Betrachtung des Subdifferentials sowie der äußerst nützlichen Definition einer Indikatorfunktion erlaubte, ein unrestringiertes Funktional zu betrachten und dadurch eine Formulierung mit einem Lagrange-Multiplikator herzuleiten. Besonders die Definition und Unterscheidung des Gebietes in Kontaktzone und deren Komplement brachten uns grundlegende Resultate bezüglich des Lagrange-Multiplikators.

Anschließend haben wir die Regularität der schwachen Lösung thematisiert. Dabei konnten wir feststellen, dass Lösungsfunktionen im Eindimensionalen höheren Regularitsanforderungen genügen. Unter zusätzlichen Voraussetzungen an das zugrunde liegende Gebiet gilt dieses Ergebnis auch in höherdimensionalen Situationen. Beachtenswert war ein einfaches Beispiel, welches verdeutlichte, dass die Forderung $u \in H^3(\Omega)$ im Allgemeinen nicht gültig ist.

Als weiteres Verfahren wurde die Penalty-Methode eingeführt. Eine Diskussion dieser Methode hat gezeigt, dass wir approximativ eine Familie von Lösungen, welche von einem Parameter abhängen, konstruieren können. Diese konvergieren unter Betrachtung des Grenzwertes in Abhängigkeit des Parameters gegen die Ursprungslösung. Dem Begriff der *ersten Variation* beziehungsweise der *Euler-Lagrange-Gleichung*, welche durch den Minimierer erfüllt wird, kam in diesem Kapitel besondere Bedeutung zu.

Etwas abstrakter wurde die duale Formulierung des Hindernisproblems diskutiert. Eine große Rolle wurde hier den Fenchel-konjugierten Funktionalen zugewiesen. Deren Definition erlaubte, das anfängliche Minimierungsproblem als formales, duales Maximierungsproblem zu betrachten und schlussendlich die starke Dualität herzuleiten.